SERIES OF ARCHITECTURE VISION　建筑视界丛书

God Bless Tibetan Dwellings Settlement and Housing
神佑藏居 | 聚落与住居
——上中阿坝聚落与藏居

郦大方　金笠铭　著

中国林业出版社

中央高校基本科研业务费专项资金(TD2011-28)(YX2010-7)
(supported by "the Fundamental Research Funds for the
Central Universities (NO.TD2011-28)(YX2010-7)") 和
村镇景观建设关键技术研究（2012BAJ24B05）共同支持

图书在版编目（CIP）数据

聚落与住居 / 郦大方 金笠铭 著.-- 北京：中国林业出版社, 2012.7
（建筑视界丛书）
ISBN 978-7-5038-6625-8

Ⅰ.①聚… Ⅱ.①郦… ②金… Ⅲ.①藏族-居住区-空间形态-研究-安多地区 Ⅳ.①TU241.5

中国版本图书馆CIP数据核字(2012)第113027号

建筑视界丛书 SERIES OF ARCHITECTURE VISION

聚落与住居——上中阿坝聚落与藏居

郦大方 金笠铭 著

责任编辑: 吴卉
整体设计: 周周设计局
出　　版: 中国林业出版社
　　　　　[100009 北京西城区德内大街刘海胡同 7 号]
E-mail: jiaocaipublic@163.com
电　　话: 010-83224477
发　　行: 中国林业出版社
印　　刷: 北京雅昌彩色印刷有限公司
版　　次: 2013年5月第1版
印　　次: 2013年5月第1次
开　　本: 787mm×1092mm 1/16
印　　张: 9.5
字　　数: 360 千字
定　　价: 129 元

序

领土这么大的中国，历史这么长的中国，又有这么多的兄弟民族，我们的乡土建筑，能有那么丰富呀！把他们保护下来，研究清楚，要有多少人工作多少年呀！

这本来应该是一件有组织、有计划的大规模工程，一件极有价值的工程，能吸引多少人高高兴兴、勤勤恳恳，为它奉献一生。

现在，这件意义重大的工作有几个人在干呢？他们是在什么情况下干起来又坚持下去的呢？有什么需求和理想，现在和未来？

然而，历史在发展，时代在变化，我们国家的古建筑文化积累是越来越丰富了，还是越来越单薄了呢？

"建筑是石头的史书"。请记住这句精辟的话，它解答了为什么要保护古建筑，为什么还要保护得那么真实、那么细致、而不许随意变动。说的是：难道我们可以改造祖先的历史吗？

保护好我们的史书吧！

作为历史的见证，才是古建筑的基本价值所在，认真保护好我们的史书吧！

陈志华

2012 年 5 月 22 日

Foreword

China has such a vast territory, such a long history and such a variety of ethnic minority groups that how abundant the vernacular architecture there exists! It is amazing how many people and how much time it requires to preserve and study those vernacular buildings in China!

There should have been an organized, schemed and large-scaled project so worthy that it could have attracted groups of people to be dedicated to it with great pleasure and working on it earnestly and assiduously.

Now, we are wondering how many people are engaged in this meaningful and important work, under what circumstances they have started their work and persisted in it, and what needs and what dreams they have, at present and for the future?

Nevertheless, with evolution of history and change of times, we are wondering whether the cultural accumulation of China's ancient architecture has become larger and larger or smaller and smaller.

"Architecture is history written in stone." Please remember this gnomic saying, which responds to the wonder why ancient architecture needs preserving, and to preserve so authentically and meticulously that any modification at will is not allowed at all. In other words, how can we make any modification on the history of our ancestors?

Let's preserve our chronicle!

The vernacular architecture bears witness of history, that is, the true value in its existence. Do make an earnest preservation of our vernacular architecture!

Professor Chen Zhihua

May 22, 2012

前 言

  阿坝州地处四川省西北端,这里自古以来就是游牧民族栖息的家园,也是藏族在四川省除甘孜地区外的主要聚居区。阿坝的藏族民居既有其他地区藏居约定俗成的风格气质,又有此地独有的风貌韵味。国内自 20 世纪 50 年代既有学者对此地的藏居给予了关注和研究,并将部分研究成果发表在相关刊物和书籍中。但至今为止,对此处藏居仍缺少从其产生的背景和形成的内在机制、基本形制及变异的系统研究。此次研究我们力图分析当地的社会、宗教、文化等因素对聚落及建筑空间形态的影响。

  2005 年秋末冬初,在四川大学林野先生带领下,作者第一次进入神秘的阿坝高原。2006 年在清华大学教授、北京清华城市规划设计研究院住区所原所长金笠铭先生领导下,胡洋和郦大方策划展开了针对阿坝县藏族聚落与民居的研究工作。7 月由住区所员工、北京林业大学园林学院和天津农学院师生组成的调研组一行 15 人,在金教授带领下,踏上了这块神奇的土地,开展了近两个月的实地调研。重点对阿坝县上、中阿坝地区的藏族聚落和住居进行了抽样勘测和家访,基本上获得了较翔实准确的第一手资料。其后得到中央高校基本科研业务费专项资金暨北京林业大学科技创新计划(项目编号 TD2011-28)、中央高校基本科研业务费专项资金暨北京林业大学科技创新计划优秀青年教师科技支持专项计划:西南少数民族地区聚落与景观形态解析(YX2010-7)和村镇景观建设关键技术研究(2012BAJ24B05)的共同支持,进行了大量相关文献资料查阅,并与同行进行了广泛的交流探讨,经过近五年的整理研究,终于把这本书奉献给各位读者,期待与关注和景仰此处藏居和藏族文化的各位同仁一起分享这些研究成果,并期望大家不吝赐教,使之更加精益求精,锦上添花,使藏文化瑰宝在祖国的壮丽山川中闪耀出更加璀璨的光芒。

  本书分为上、下两篇。上篇:礼神聚落,将研究的视角集中探讨上、中阿坝地区藏族聚落的形成背景和其分布规律、空间布局特点及基本形态,概括出其共同的成因和文化价值取向,即社会结构和宗教的主导作用。下篇:土木雕房,将研究的视角集中探讨阿坝地区藏居的住居的内部构成、各类空间的主要平面构成和外部造型特点、建造技术等,特别概括出其藏居内部空间构成的基本模式:由主室和最神圣又神秘的宗教活动场所——经堂的构成的基型,并由基型与前厅的组合构建出阿坝藏居的空间结构。总之,我们深深感到:阿坝藏居最核心的构成与此地藏族的宗教信仰和生活、生产方式息息相关,这是区别于其他民族及地区乡土民居的最明显的差异,也是需要特别加以尊重和保护的。

  参加本项调研工作的人员如下:

  金笠铭、郦大方、胡洋、陈越、任胜飞、冀媛媛、张小莉、胡妍妍、石磊、乔旭、伦佩珊、吴应刚、申亚男、易腾。

  参加资料整理的其他人员:王莹、赵英、吴朝晖、崔庆伟、胡依然、秦超、林元珺、祖育猛、蒋诗超、徐瑞、陈计升。

后排：从左至右：罗比、金笠铭、乔旭、华尔娜、陈越、尤佩珊、胡娉姗、冀媛媛、郦大方；前排：从左至右：张小丽、申立男、任胜飞、胡洋

撰写本书的人员如下：

序言撰写：金笠铭、郦大方；翻译：冀媛媛、钱云。

上篇撰写：郦大方、金笠铭、李林梅；文字润色：尤丽珊；审定：金笠铭。

下篇撰写：1～7章郦大方、冀媛媛、金笠铭；8章冀媛媛；9章任胜飞；10章冀媛媛；11章金笠铭；审定：金笠铭。

本书成果是与阿坝县城乡规划建设和住房保障局共同完成。同时，在调研和研究过程中得到学术界同行和阿坝县县政府、建设局、宗教局、旅游局以及各乡乡政府、僧人、居民的配合与大力支持，在此对阿坝县建设局周海局长、原阿坝县杨学全县长、建设局罗让局长、旅游局李局长、县办公室张主任、宋邓达尔杰乡长、李刚书记、舒乡长、苏书记、确加书记、李乡长、泽仁东珠科长、泽尔清活佛、班玛仁晴活佛、勒么老革命、司机罗扎师傅、角戈师傅、谢拉、贵州民族研究所原所长余宏模教授表示真诚的感谢。

特别感谢：林野先生带领我们第一次进入这片神秘的世界，华尔娜大姐全程陪同我们调研，既做向导又做翻译，陈志华教授百忙之中为本书写序，中国林业出版社吴卉编辑为本书出版不辞辛劳的工作。

金笠铭 郦大方

2012 年 5 月 5 日

Preface

Aba is located at northwest of Sichuan province in China, which is the home of nomadic tribes in a long time. In Sichuan province, Aba is one of the two main inhabited areas of Tibetan people alongside with Ganzi. The Tibetan dwellings in Aba follow the common features of traditional Tibetan style, but also show unique local features. Since the 1950s, Chinese scholars have achieved a series of basic research findings about the Tibetan dwellings in Aba. However, there is a lack of systematic investigations on the spatial forms and their explanations. In this research we aim to analyze the social, cultural and religious factors which made significant impacts on the spatial features.

In early winter of 2005, the author entered the mysterious Aba plateau for the first time with the help of professor Lin Ye from Sichuan University. In summer 2006, our research team led by Professor Jin Liming from Tsinghua University, Hu Yang and Li Dafang arrived the magical land and carried out the field work for nearly two months. The 15 team members were from Beijing Tsinghua Urban Planning and Design Institute, Beijing Forestry University and Tianjin Agricultural College. During the investigation, a great number of dwellings in upper- and middle-Aba area were mapped and interviews with the households were conducted at the same time. The investigation was then supported by two grants from Beijing Forestry University of Science and Technology Innovation Project (project number TD2011-28、YX2010-7; 2012BAJ24B05). Based on the productive first-hand information, we consulted experts in relative research areas and received help from many scholars. After five years' continuous work, we finally dedicate the book "God Bless Tibetan Dwellings" to our readers. This could be a contribution in exploring the hidden Tibetan culture and make it shining alongside other treasure of Chinese traditional culture. We sincerely hope to share the findings with all, especially the ones who are interested in and concerned about Tibetan culture and people.

"God Bless Tibetan Dwellings" is divided into two parts. In part one, our research scope focuses on the Tibetan settlements. We analyzed the background, spatial characteristics, construction rules and basic forms of the settlements. It concluded that social structure of the role of religion should be the main reason to decide the forms of Tibetan settlement in Aba. In part two, the research scope switched to the dwellings. The spatial features and construction technologies were discussed. The common spatial form was then introduced, which include the "primary form" as the main hall with mysterious religious space, and the front hall with various types. In all, we concluded that the core features of Tibetan dwellings in Aba are closely related to local religious beliefs and local life and production style. For they are significantly different to the dwellings in any other areas, these features should be the most valuable legacy to be respected and conserved in future.

The name list of the investigation team:

Jin Liming, Li Dafang, Hu Yang, Chen Yue, Ren Shengfei, Ji Yuanyuan, Zhang Xiaoli, Hu Yanyan, Shi Lei, Qiao Xu, Lun Peishan, Wu Yinggang, Shen Yanan, and Yi Teng.

Staff who participated in material arrangement are as follows:

Ying Wang, Zhao Ying, Wu Chaohui, Cui Qingwei, Hu Yiran, Qin Chao, Zu Yumeng, Jiang Shichai Xu Rui and Chen Jishen.

Authors of this book are as follows:

Preface

Written by: Jin Liming and Li Dafang, Translated by: Ji Yuanyuan and Qian Yun.

Part one:

Written by: Li Dafang, Jin Liming and Li Linmei, Text collation by You Lishan, Validation by Jin Liming.

Part two:

Written by: chapter 1~7 by Li Dafang, Ji Yuanyuan and Jin Liming, chapter 8 by Ji Yuanyuan, chapter 9 by Ren Shengfei, chapter 10 by Ji Yuanyuan, chapter 11 by Jin Liming Validation by Jin Liming.

During the investigation and following research, we got the help from People's Government of Aba County, and local bureaus of Construction, Religious Affairs and Tourism, as well as many rural township governments, Buddhists and residents. We hereby present sincerely thanks to Mr. Zhou Hai, the head of local Construction Bureau; Mr. Yang Xuequan, former head of Aba County, Mr. Luo Zha, former head of local Construction Bureau; Mr. Li, the head of Local Tourism Bureau; Mr. Zhang, the director of the office of the County; Mr. Songdengdaerjie, Mr. Li Gang, Mr. Zerendongzhu, Mr. Xie from towns; and Living Buddha Ban Marenqing, Mr. Le Mo; and Mr. Luo Zha and Mr. Jiao Ge as our drivers.

We also issue our special thanks to Professor Lin Ye for leading us into this mysterious world, Mrs Hua Erna for accompanying with us both as a guide and interpreter during our investigation, Professor Chen Zhihua for writing the foreword of this book, and Ms. Wu Hui's work for the publication of this book.

Jin liming Li dafang

May 5, 2012

序 / Foreword / 前言 / Preface

上篇 礼神聚落
Part one: Settlements of Ritual and God

下篇　土木碉房
Part two: Fort-like Dwellings with Clay and Wood

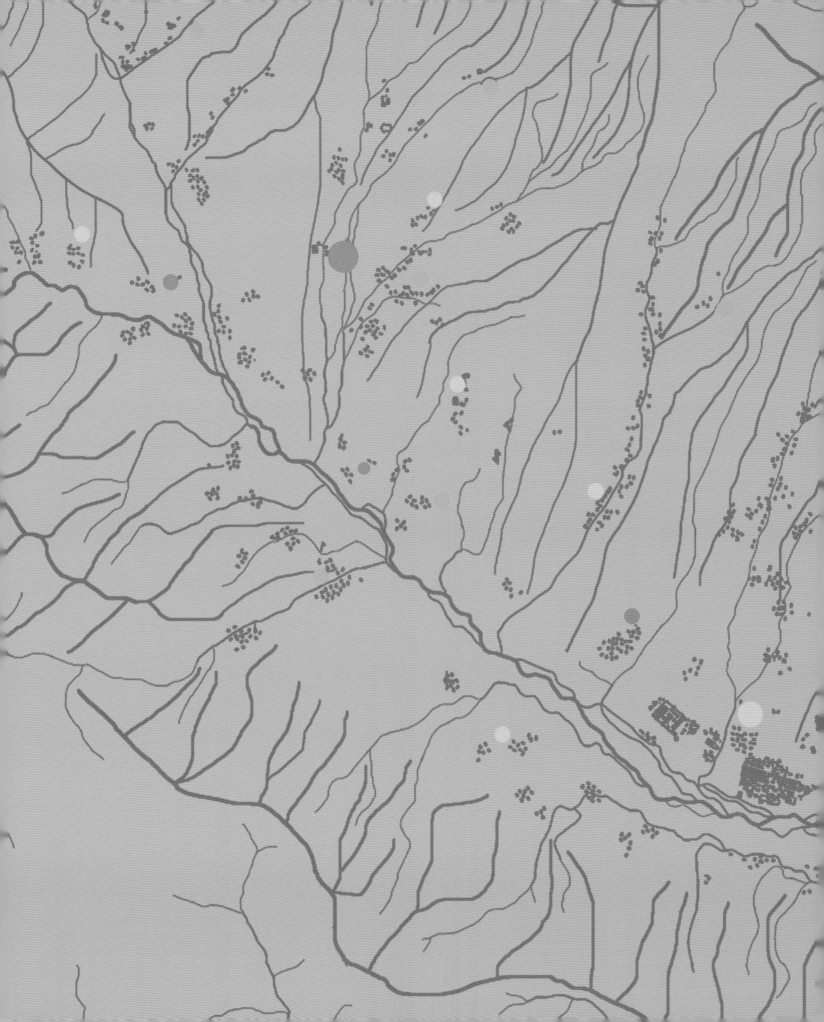

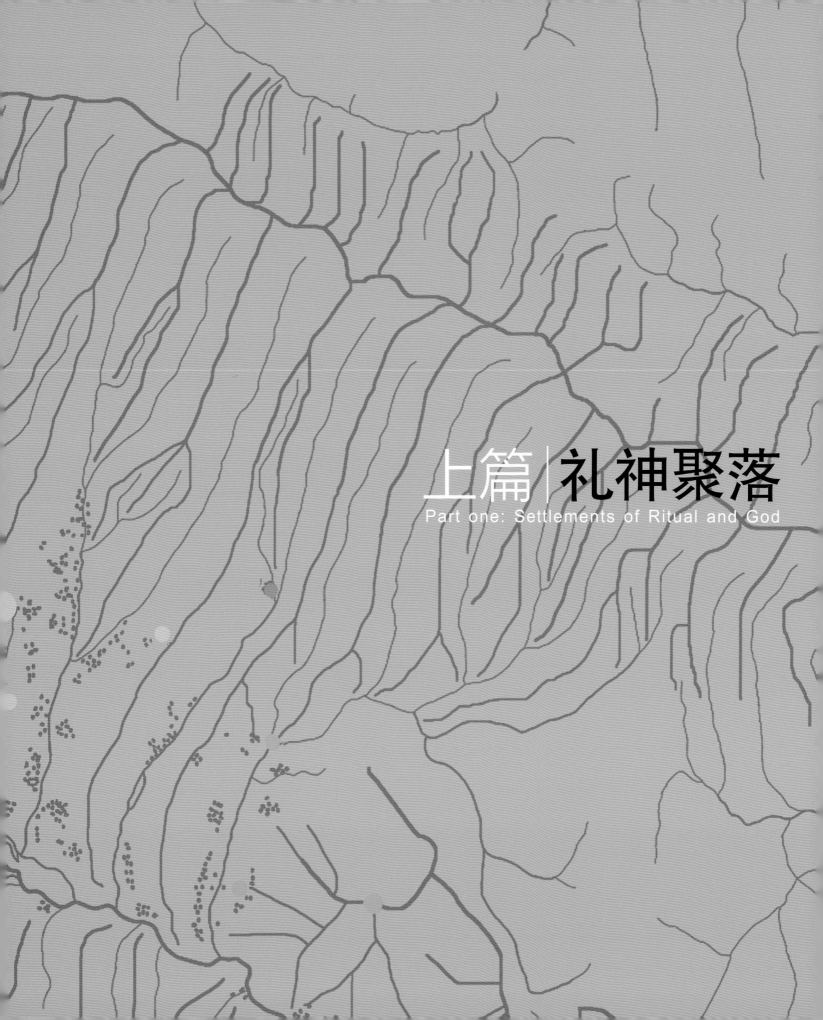

上篇│礼神聚落

Part one: Settlements of Ritual and God

01 区域视角下的藏族聚落

Tibetan settlements in the regional scope

1.1 走进阿坝县

　　当天际最后一抹阳光斑斑点点洒落在那透着岁月的藏寨上，金光灿灿，烂漫光华，璀璨夺目；远山层层叠叠，壮阔而舒展；蓝天白云下，低头吃草的牦牛，悠然而闲散；近处的藏居跌宕错落，炊烟袅袅；阿坝，充满传奇与神话的地方，就这样翩翩然然走到我们眼前（图1-1～图1-5）。

图 1-1 上阿坝牧场

　　夜晚，星垂四野，札木聂在藏民老阿爸的指间拨弄着。琴声悠悠，在阿曲河谷中回转流传，浅吟低唱着这里千年的兴衰变迁、离乱的悲苦与盛世的繁华、美丽的山川与幸福的家园。

　　阿坝县地处青藏高原东南缘和川西高原西北边，高峻沧桑的昆仑山与绵延的横断山脉北端、大巴山脉西端在这里相接；长江黄河支流河源从这里的分水岭滥觞发端，是一个历史古老的地域。远在新石器时代就有了人类在这里繁衍生息，自古就是游牧民族栖息的家园。今天的阿坝人里还有吐蕃戍边士卒的后裔（图1-6）。

　　阿坝县海拔3290米，面积10 352.4平方千米，从5 141米递减到2 936米，有着2 205米的落差。明永乐年间，"阿坝"地域已明确的分为上、中、下阿坝，统称"三阿坝"（图1-7）。

　　上、中阿坝属于高原山峦地貌，山峦起伏，为深丘状草地（图1-8、图1-9）。这里海拔3 200～4 000米的山体连绵不绝，高低不同。自西北向东南展布形成狭长的"阿坝盆地"，长约50公里，最宽处不超过8公里。盆地被从西北向东南穿过的阿曲河拦腰截断，岁月的痕迹在地表形成了河谷阶地，只是沿河两岸北宽南窄，冲刷得并不对称。下阿坝是高山峡谷地貌，林木繁茂（图1-10、图1-11）。成阿公路伴着阿曲河穿过县域，将阿坝与成都联系起来（图1-12）。

　　雪山融化的雪水，汇成一条条溪流，川流不息，似乎在倾诉着远古的呼唤；一道道山谷相连，日夜遥望着蓝天，唱出了千年的企盼。广袤的阿坝草原枕在这山川间，半醒半寐。札木聂婉转动听，悠悠回响，琴声穿过草原，飘向远山，直达苍穹。

1-2	1-3

图 1-2 台地上的卡西寨（左侧为村寨，右侧为拉布择）

图 1-3 上阿坝安斗乡华罗村四队远眺

1-4

1-5

图 1-4 暮色下的上阿坝（夏季）
图 1-5 暮色下的中阿坝（冬季）
摄影 林野

1-6　1-7

1-8

图 1-6　阿坝县区位图

绘制　郦大方

图 1-7　阿曲河两岸上中下阿坝分区示意图

绘制　郦大方　伍飞舟

图 1-8　上阿坝地形地貌（甲尔多乡正达村一队）

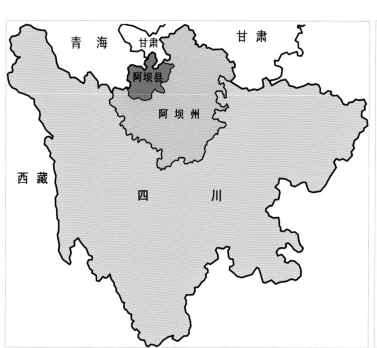

图 1-9　中阿坝地形地貌
　　　　摄影　林野
图 1-10　下阿坝地形地貌 1
　　　　 摄影　林野
图 1-11　下阿坝地形地貌 2（安羌乡足落）
图 1-12　沿着阿曲河伸展的成阿公路

1.2 承载聚落的自然天地

上、中阿坝山川秀丽，四时风景如画。古往今来，这里成为藏族休养生息的一方福地。

静静的阿曲河自西北向东南流经上、中阿坝时，河谷两岸呈现出一派高原山峦地貌景观。顺着阿曲河形成阿曲盆地，当地藏族聚落则在这狭长的盆地中落地生根。

1.2.1 分隔与自立——山脉中的聚落

阿曲河北岸连绵的山峦，地势从东北方向西南方逐渐降低，主山脊呈西北–东南走向，向下不断平行生长出更小的次山脊，形成叶脉状山体结构，在这片碧色的原野上不断延伸，曲折成岁月的皱痕。在地势较缓的临近阿曲河谷的平缓台地，村寨繁星点点地展开，村寨顺着次山脊向上延伸，越靠近主脉山势越陡，村寨越加稀疏（图1-13～图1-15）。

图 1-13 阿坝山水系统

绘制 崔庆伟 郦大方

隔河相望，山势陡峭，村寨坐落于山脚下沿河伸展的狭窄平缓的台地上，村寨大体等间距自由展开布局（图1-16）。

日复一日，年复一年，阿坝人在这片巨大的"叶脉"上安营扎寨，寨随山势，依山而居。由于山脊的分隔，经年累月，使生活于其中的居民在生活方式、语言、归属等方面产生了较大的区别。尤其下阿坝与上、中阿坝差别较大。今天下阿坝包括安羌、洛尔达、茸安等地，而在民主改革前，洛尔达属于中阿坝。下阿坝主要指安羌六寨，属于今青海省久治县境内的康萨尔土官管辖，也受到中阿坝墨颡土官左右。下阿坝与中阿坝的边界在安羌乡障扎、

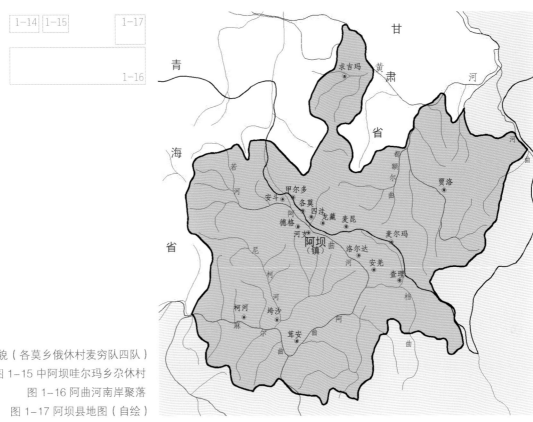

图 1-14 山地地形地貌（各莫乡俄休村麦穷队四队）

图 1-15 中阿坝哇尔玛乡尕休村

图 1-16 阿曲河南岸聚落

图 1-17 阿坝县地图（自绘）

图 1-18 下阿坝安羌水库

图 1-19 下阿坝茸安乡建筑　摄影 林野

图 1-20 下阿坝碉楼

图 1-21 阿曲河上游牧场

甲究（加秋），从这里阿曲河（阿柯河）开始转向南部流动，其南部山脊走势也由西北－东南向转向南北向，山体成为中阿坝与下阿坝的分界（图1-17）。

上、中阿坝之间在地理空间分隔上相对于下阿坝较弱。中阿坝学多玛（上部落）中的龙藏、河支与上阿坝的四洼、德格相邻，龙藏的维尔扎所在山脊在龙藏北部将与上四洼分隔开，在其南部卡西居于一个台地上与西北面下四洼相望；河支与德格则在地形上没有太大的分隔。上、中阿坝语言差异较小，居民生活习俗接近，建筑空间形态虽有差异，但外形较为相似。上、中阿坝与下阿坝两地地形地貌不同，归属不同，建筑风格有较大差异，例如前者是高原山峦地貌，外墙以夯土为主；后者属于高山峡谷地貌（图1-18、图1-19），建筑外墙以石材为主，在这里甚至可以看见在嘉绒藏区常见的碉楼（图1-20）。山体就这样分隔出了聚落的边界，而其中的聚落则渐渐独立成组。

1.2.2 联系与生长——水系旁的聚落

如果说山阻隔两地交流，水则成为联系两地的生命纽带、文明滥觞。这里的阿曲河包容了雪水、洪水、山溪，一泻而下，冲刷出深沟，形成壮阔的大地景观。山因水势，水因山形，这里的水呈现反向的"叶脉状"结构，蔚为壮观。加上该地半湿润季风气候，所以除了阿曲河，其支流多为季节性河流：雨季雨量充沛，波涛滚滚；旱季河水断流，一片干涸。聚落则在这山水咬合中找到了天然的屏障。

图1-22 下阿坝洛尔达乡

图 1-23 下阿坝过渡建筑
图 1-24 下阿坝茸安乡建筑
图 1-25 安斗乡派克村一队跨河桥

　　无论是埃及的尼罗河文明还是中国的黄河文明，皆反映出河流对人类文明的深远影响。阿曲河孕育阿坝人民，正如黄河孕育中原人民，尼罗河孕育埃及人民。它打破山体的分隔，从上游的牧场缓缓流下（图 1-21），串接起上、中、下阿坝；它既是居民来往的通道，又是文化传播和交流的走廊。上、中阿坝居民沿河比邻而居，沿着河流的道路就成为重要的联系纽带，居民生活习惯、建筑式样与材料沿着走廊而变化，同时也产生联系：顺着河流从洛尔达乡的夯土建筑，经过安羌乡过渡（安羌乡聚落附近民宅在石砌墙体外面抹上泥土，以效仿上、中阿坝建筑外观[1]），再向下到茸安乡完全使用石砌墙体（图 1-22 ～图 1-24）。沿着阿曲河缓缓展开一幅多彩多姿的画卷。

　　汇入阿曲河的小河流，水流较小，成为居民聚居的良好场所，历史上河两岸步行桥（图 1-25）不多，多是骑马或徒步过河。现在使用机动车通过简易公路联系村寨，而跨河公路桥仅有一处，与两岸的公路呈"工"字形，联络不便，反而使两岸一些村寨之间的距离加大。

　　上、中阿坝的藏族聚落就在阿曲河两岸生生不息，繁衍生长，形成了淳朴厚重的独特景观。

1　相对于下阿坝，上、中阿坝经济较为发达，也是当地最大土官的驻地，因此除了石砌墙体涂抹泥土有助于保温外，可能也是下阿坝有意在模仿上、中阿坝建筑外形。

图 1-26 雍布拉康

1.3 独特的部落制度与圈层式聚落结构

1.3.1 藏族部落制度概述

（1）金字塔结构的部落制度

汉族地区的村落，宗族起着举足轻重的作用，这与汉族地区实行了近两千年的郡县制度息息相关。

阿坝地区延续了部落制度。在这种制度的影响下，阿坝地区聚落的形态区别于实行庄园领主制的卫藏地区。

石硕认为，藏族历史悠久，远在新石器时代，"至少已存在着三大支系各不相同、文化面貌各异的原始居民群体"[2]在西藏范围内繁衍生息。12 世纪重要史籍《第吴宗教源流》和 16 世纪问世的《智者喜宴》都记载了藏区在人类出现之前曾由十种（或十二种）非人[3]统治过，之后观世音菩萨施以教化，神猴和岩魔女结合繁衍，由此诞生了人类。陈庆英认为这十种所谓"非人"是指上古时代西藏的一些著名的部落集团[4]。

玛桑部落时代，雅鲁藏布江流域各部落都属于"博"（即我们所熟知的"吐蕃"），直到雅隆部落联盟统一青藏高原时，吐蕃被采用为王朝名和国名，其后成为藏族自称和族名。此时，有数十个部落联盟，其中悉补野部落强

---

2 石硕. 西藏石器时代的考古发现对认识西藏远古文明的价值[J]. 中国藏学, 1992(1)：53~63

3 最初为黑色罗刹、第二热德郭雅（牦牛头部落）、第三森波迦仁茶麦（长颈无血罗刹）、第四马坚拉（红色柔和天神）、第五龙族、第六粜鹜鬼、第七玛桑九部（九姓）、第八龙族、第九非人、第十萨日六兄弟、第十一为十二小邦、第十二为四十小邦。

4 陈庆英. 藏族部落制度研究[M]. 北京：中国藏学出版社, 2002

藏族部落的分布

图 1-27 藏族部落分布图
绘制 崔庆伟 伍飞舟
图 1-28 藏族部落金字塔式组织结构图
制图 刘丽君

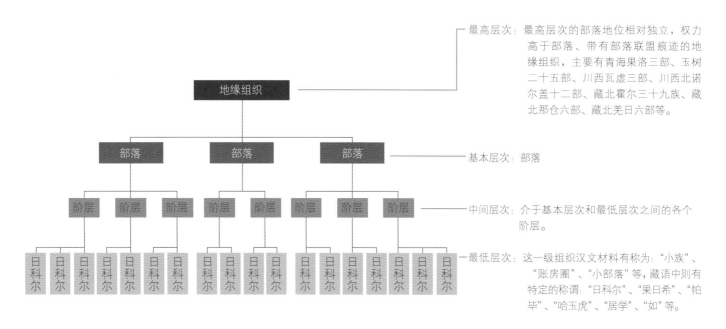

大起来，建立了吐蕃王朝。传说中，该部王室的始祖涅赤赞普从天而降，被当地牧人拥戴为王，并在雅隆河谷修建雍布拉康（图1-26）。涅赤赞普等最早的七代赞普便被称为"天赤七王"。传说太过遥远，已无从可查。但有一个人的名字注定是要永世流传的，他便是藏族圣杰松赞干布。松赞干布建立了一系列制度，其中创制文字、制度、法律，制定职官和行政制度对藏族社会影响巨大。他将吐蕃本部划分为四个如，四十个千户，形成地方军政组织的地区部落。分久必合，合久必分，之后吐蕃崩溃，四如地区部落组织消失，部落中的贵族官员变成占有生产资料和农奴的封建领主，封建领主制在该地发展起来，川、青、甘游牧地区和农牧地区，保留原有的氏族血缘联系的西羌部落与从吐蕃迁来驻守的部落杂处，朝夕相处。从宋代起，这些重视血缘关系的氏族部落的一些组织形式

图 1-29 橄榄形藏族部落成员构成结构图
制图 刘丽君

上层：有实权的头人、富裕农牧民

中层：小头人、一般农牧民

下层：约伙（约仓、过约、才约、差约、边民、游民）

留存下来，在发展中形成了自己的特点：第一，部落中血缘关系受制于地缘关系，重大决定中同一血缘构成的"日科尔"作为基础单元必须服从于部落；第二，部落首领的血缘关系决定了部落之间的亲缘关系，那些形形色色的部落起源的传说，无非传诵着部落首领之间的血脉相连（图 1-27）。

藏族部落最基本的组织结构呈金字塔结构（图 1-28）。

这种金字塔结构，等级分明，逐级隶属。由于纷繁的历史原因，藏族部落组织系统类型多样、形态各异，地域差异极大。但是各级之间依然是如部落制度一般呈直线型结构，形成政教合一、军政同体、平面结构单一的特点[5]。

（2）橄榄形部落成员组成结构

藏族部落成员构成也呈现出等级分明，两头小中间大呈橄榄型。

松赞干布时期，将属民分为"桂"（即武士）与"庸"（奴隶阶级）两个等级，后来将吐蕃分为八个等级。吐蕃王朝崩溃后，西藏地方政权又把藏人分为上、中、下三等，每一等里又划分三个级别，统称"三等九级"，并对各等级的法律地位作了明文规定。至民主改革前西藏地区已形成界限分明的不同阶层。

位于顶端的贵族，西藏称之为"格巴"、"米扎"、"古扎"，他们拥有土地、百姓，而且在政治和经济上拥有特权。每家贵族都有一块领地（庄园）称为"帕谿"（祖业地），与家族名分相连。贵族所拥有的其他领地可以转让，但"帕谿"不能转让，它是贵族的基础。与贵族相对的是属民（米色或百姓）阶层，分为差巴、堆穷和囊生三个第等。差巴是属民中地位最高的，列在庄园名册中，有资格参加庄园会议，占到总人口 50%。他们拥有较稳定的土地使用权，是差乌拉和高利贷的主要负担者。堆穷意为小户，他们拥有独立的家庭经济，但大多数没有足以养活家人的自营土地，必须从事长短工或帮工、从事其他副业以维持家庭生活。有的依附于庄园或差巴。堆穷与差巴户数相近，但人口少 1/4~1/3。囊生意为"家养的"，是属民中社会地位最低的。他们人身完全为主人占有，终生受主人驱使不得离开。经主人许可方可组建家庭，但基本没有独立的家庭经济，其子女依然为囊生[6]。除此之外还有少数流浪游民集中于城镇、散布在牧区。

川西北藏族部落制度下社会成员构成与西藏地区社会成员构成有相似之处，但也有不同。前者处于相对更原

5 陈庆英. 藏族部落制度研究[M]. 北京：中国藏学出版社，2002：139

6 次仁央宗. 西藏贵族世家1900—1951[M]. 北京：中国藏学出版社，2006 / 多杰才旦. 西藏封建农奴制社会形态[M]. 北京：中国藏学出版社，2005

图 1-30 麦桑官寨废墟

始状态，社会阶层相对简单。陈庆英将民主改革前藏族部落成员根据政治关系分成上、中、下三个阶层："部落中握有实权的头人和个别富裕农牧民为上层，小头人和一般农牧民为中层，约伙为下层"[7]（图 1-29）。头人又可以分为四级：部落联盟酋长、大部落头人、小部落头人和族长。头人无论世袭与否，在职期间拥有掌握部落政治、经济、司法、军事和宗教等方面的权力。个别富裕的农牧民也享有一定特权。一般农牧民可称之为自由民，有纳税人的意思，与西藏农奴制中的"差巴"相同。一般农牧民使用部落的耕地、草场，给头人、地方政府纳税缴贡。而"约伙"，是被使唤者之意，是藏族部落中的一个特殊的阶层。约伙不是完全意义上的奴隶，生活贫困，人身自由受到一定的限制，社会地位十分低下，遭到社会排斥，其中一部分人被认为是骨血不洁的，被禁止参与公共活动，普通人会避免与其接触。约伙占社会成员比例较低，但是与巴伯若·尼姆里·阿吉兹在分析定日雅娃[8]时类似，他们是理解藏族人民的社会行为和思想观念的一把钥匙。各阶层地位通常是遗传而来，在出生时由所在家庭"骨系"、"血统"确定下来，实行内婚，跨阶层婚姻较少。中间阶层的自由民，构成了部落的主体，他们在部落中的地位基本平等。他们有权参加部落会议，对部落事务发表意见。这些成员个人地位和权力的基础则体现在对土地的占有程度上。藏族部落内部土地原则上为部落公有，不能自由买卖、转让和租典，成员仅有使用的权力。

　　部落成员与部落、成员与成员之间保留着原始关系，部落尽力保护自己的成员，当部落成员面临危险，无论责任在谁，部落都会维护本部落的成员。部落成员与其他部落成员发生纠纷，则由部落负责。而在部落内部对于那些违反部落法规、违抗部落头人的成员则要受到严厉的处罚——逐出部落。一旦失去部落这片羽翼的保护，将很难生存。

7 陈庆英. 藏族部落制度研究[M]. 北京：中国藏学出版社，2002：167

8 巴伯若·尼姆里·阿吉兹，翟胜德. 藏边人家——关于三代定日人的真实记述[M]. 北京：西藏人民出版社，2001：58

图 1-31 各莫寺经塔

1.3.2 阿坝藏族部落历史简介

我们所谈的阿坝地区部落属于历史上被称为关外五十二部的松潘县黄胜关以外地区藏族部落的一部分。

南北朝时期，阿坝属于吐谷浑国。唐初，吐谷浑为唐属国，阿坝属松州所辖的羁縻州。唐太宗十二年，吐蕃松赞干布率军占领松州以西羌地，阿坝则成为吐蕃属地，此后这里成为唐朝与吐蕃之间的战场，金戈铁马，硝烟弥漫，胡雁哀鸣夜夜飞，胡儿眼泪双双落。直到唐武宗会昌六年，吐蕃国分裂，才重归松州。元朝创设土官。明建松潘卫，三阿坝归属松潘卫。清康熙年，朝廷实行改土归流，阿坝行政上纳入松潘厅建制。

至清代中阿坝地区有八十多个土官。其中较大规模的部落被授予千百户：雍正元年，上阿坝甲多寨（今甲尔多乡甲尔多）、中阿坝麦仓寨（阿坝大土官麦桑官寨）、下阿坝阿强寨（今安羌乡安羌）被授予土千户，磨下寨等五个寨被授予土百户。

这千年间，各部落兴衰罔替。正如一代天骄成吉思汗最终统一蒙古一样，分久必合是历史所趋，阿坝地区的部落最后几乎归麦桑与甘肃夏河土官两大势力，除了上阿坝措周部分寨、中阿坝麦昆部分寨以外，麦桑控制大部分部落，而麦桑土官也成为川西北藏区三大土官之一（图 1-30）。

阿曲河

麦桑直属部落 ◎ 麦桑官寨
麦桑亲属部落 ◉ 各莫寺
麦桑栓头部落 —— 阿曲河
各莫寺所属部落

图 1-32 阿坝藏族部落分布
绘制 郦大方

上阿坝包括阿曲河北岸的措周六寨和南岸的安斗八寨,原各为独立部落。措周由向埃、甲尔多、俄休、日阿查、四洼和纳休组成。道光元年夏河土官借助拉卜楞寺在措周中心建成各莫寺(图 1-31),向上阿坝发展。"中华民国"二十年统治措周的麦穷土官一家被杀害,措周分裂,部分投靠麦桑。麦桑与夏河土官械斗,经过协调,措周行政权属阿坝,各莫寺教权归拉卜楞寺。实际上各莫寺根查布(教职)成为措周行政长官,控制措周。安斗八寨指上甲底、下甲底、上派克、下派克、曲隆、克哇、牙巴姐和文巴。"中华民国"十六年麦桑土官又取得对安斗八寨控制权。

1932 年华尔功臣烈接任十五世麦桑土官,稳定社会治安,促进各部落、民族自由交往。他在任时保护商旅,鼓励经商,在"甲康坝"和麦桑官寨设有专供商旅的客栈。华尔功臣烈向麻尔曲、尼曲、则柯河流域和壤塘小部落地区扩张,控制上下柯河、茸贡部落和壤塘的部分地区、贾洛部落、安坝部落,利用教权影响若尔盖部分地区。1948 年占领临近的麦昆(含意为麦桑附近区域)部落,迫使麦昆与其栓头。麦桑部落由此达到鼎盛时期。

1.3.3 犬牙交错的布局与圈层式聚落结构

阿坝地区的部落几乎归麦桑与甘肃夏河土官两大势力,各部落隶属不同,造成各部落之间的驻扎犬牙交错。但阿坝地区毕竟大部分村寨被麦桑土官控制,所以这种同样的归属,又造成所属部落的众星拱月,环绕而居。《四川省阿坝州藏族社会历史调查》按照与麦桑土官的关系将麦桑所属部落分为基本部落、直属部落、栓头部落、亲属部落。其所属的中阿坝部落为基本部落,麦尔玛部落为直属部落,麦洼部落、安斗部落为栓头部落,茸贡部落属于亲属部落。

这些部落形成以官寨为中部，基本部落围绕其外，栓头部落位于最外层的圈层式结构（图 1-32）。

又加上没有"地主"的土地所有制，不会出现大规模的地主庄园，相对的平等，又造就了除了官寨外，其他村寨格局和形态的大同小异。

1.3.4 市场对阿坝聚落的影响

今天的阿坝县城热闹而繁华，它是民主改革后在原来"崇拉"市场基础上建立的。上阿坝地区的市场始于 18 世纪末麦桑第九世女土官阿布萨时期，"嘛呢"会后三天，当地人举行野餐、赛马等活动，并进行土陶交易，形成"土陶商贸交易集会"。1940 年麦桑土官华尔功臣烈正式将每年藏历牛月 22 日（农历 5 月 20 日）定为"扎崇大节日"——"扎崇切莫"（扎崇意为土陶交易）。扎崇节是一年一度的商贸娱乐节日，节日之后，市场撤销。

集市最早出现在土官官寨南部到河边空地上，大致在今天公路一带。1911 年前后，一些回汉商人开始在此定居。1928 年麦桑土官在格尔登寺附近，建造几十座房屋，原始市场出现，成为甲尔康（汉人住处），形成草地最大的集贸市场，其后与甲康、崇拉和格尔登塔洼组成"崇拉"市场。

崇拉是整个草地地区最重要的市场，辐射范围不止于阿坝地区，构成更大区域内的经济中心。市场为聚落提供了商品交换的场所，它的发展程度、数量、分布受到聚落生产力发展水平、聚落所处区位等因素影响，也影响到区域内聚落的分布。阿坝市场的出现晚于聚落，是在聚落发展到一定程度产生的。它首先选择了地势开阔的河坝地区，在当地权力中心——麦桑官寨所在地，受到土官的保护。其后可能由于发展规模的扩大对官寨造成一定影响，迁往格尔登寺附近。该寺院与土官关系密切，实力雄厚，也处于河坝之中。这两个地方均是地势较为平坦、开阔之处，是上、中阿坝的中心区域，便于大量人员集散，对于聚落成员和外来经商人员来往均较为便利。随着经济进一步发展，这个流动的集市吸引了坐商参与，并进一步发展成为今天的县城。20 世纪 50 年代开通的成阿公路紧邻市场穿过。

1.4 众神护佑的聚落

1.4.1 藏民族宗教体系概述

提起藏族，藏传佛教的影子总是挥之不去。虔诚的朝圣者，沿着蜿蜒的成阿公路，沿着沧桑的茶马古道，一路颠簸风尘而来，一圈一圈围绕着寺院转经，虔诚而恭敬，渐渐进入庄严和肃穆里（图 1-33）。宗教与藏族自古就有着不可分割的联系。

在这浩渺苍茫的雪域高原上，浓浓的宗教氛围一直影响着藏文化。"藏文化与雪域高原的地理环境之间有着密不可分的亲缘关系。因此，自古以来藏族文化始终没有脱离宗教文化的浓浓氛围，宗教一直是藏族传统文化的核心，也是支撑藏族社会生活的精神脊梁。"[9]

---

9 尕藏加. 雪域的宗教[M]. 北京：宗教文化出版社，2003：4

图 1-33 格尔登寺转寺

　　在这里，不仅信奉着我们所熟知的藏传佛教，还有一种当地的原始信仰——苯教，接受着藏民的膜拜。

　　苯教大约诞生于公元前 4 世纪，从最初的鬼神崇拜到后来形成自己的理论，历经千年，经历了多苯、恰苯和居苯三个时期。从多苯时期的自然崇拜、神灵崇拜、生灵崇拜、图腾崇拜、图符崇拜，灵物崇拜、祖先崇拜等以及崇尚念咒、驱鬼、占卜、禳被、重鬼右巫等仪式到恰苯时期的守护神和神灵的崇拜，再到居苯时期的灾难，历史总是时盛时衰，由弱到强，由强到弱。

　　公元四世纪，佛教进入吐蕃。

　　提起吐蕃，我们总会想到松赞干布与文成公主，想到他们的爱情，想到雄伟的布达拉宫（图 1-34）。

　　夕阳下，布达拉宫在拉萨湛蓝的天际下熠熠生辉。曾经的布达拉是观世音菩萨的道场。千年前，一同被松赞干布迎往拉萨的除了那一场流传千古的爱情外，还有一尊十一面观音像。佛教就这样扎根于这片土地上，从此与苯教陷入长期的角逐与竞争。

　　藏传佛教经历了前弘期（公元 7 世纪中叶～9 世纪中叶）、后弘期，到 15 世纪的格鲁派兴起，逐渐从外来成员变成藏区第一宗教。

图 1-34 夜幕中的布达拉宫　摄影 任才

　　几百年间佛教在藏地不断壮大，尤其是到了赤祖德赞时期，僧侣的地位已经高于普通臣民。赤祖德赞更被尊为金刚持菩萨化身，与松赞干布、赤松德赞（赤祖德赞之父，被称为圣文殊菩萨化身）一起成为吐蕃三大法王。由于赤祖德赞对佛教过分支持损害一些臣民的政治、经济利益，引起臣民不满，被反对者谋杀。他的哥哥朗达玛继任赞普。与他的弟弟推崇佛法相反，朗达玛发动毁灭佛教的运动，史称"朗达玛灭法"。朗达玛取消了佛教寺院僧众享有的一切政治、经济特权，封闭寺院，逼迫僧侣还俗，甚至强迫僧侣狩猎或当屠夫。佛教遭到沉重打击，持续达百年之久，被称为藏传佛教"百年黑暗"时期。由此前弘期结束。朗达玛灭法引起佛教信徒极大仇恨，最终被一位密宗修炼者拉隆贝吉多杰刺杀。

　　吐蕃覆灭后，分裂成若干小邦，进入藏族地方割据势力时代。佛教开始从安多地区复兴，被称为"下路复兴"。阿里地区紧随其后，受到古格王室支持，佛教广为传播，引进翻译大量佛经，迎请佛教大师阿底峡尊者入藏，藏传佛教复兴进入高潮，被称为"上路复兴"。由此在公元 10 世纪进入藏传佛教后弘期。到了 15 世纪，格鲁派兴起，当以五世达赖为首的格鲁派在 17 世纪获得世俗的统治时，再也没有谁能撼动他的地位。

　　格鲁派是藏传佛教六大门派之一（图 1-35），以倡导严守戒律而闻名。北京的雍和宫供奉着一位名叫宗喀巴的大师，即是格鲁派的代表人物。他遍访名师，艰苦修炼后，逐渐形成以中观为正宗，以噶当派教义为立宗之本，综合各派之长，经亲自实践或修行为验证，最后建立了自己的学说体系。

苯教与佛教虽然刚开始势如水火，但最终取长补短，绵延发展。毕竟对于普通百姓而言，除了一些宗教礼仪（例如转经方向等）和"功效"（例如苯教和宁玛派在预防自然灾害方面的作用）外，苯教与佛教、佛教不同派别之间的差别并不大。教派之间在宗教理论上的区别对普通信众来说更是无法分别。心诚则灵，何须世俗礼仪源头的桎梏呢。

藏传佛教六大门派 {
　　格鲁派：占据藏传佛教的统治地位。由于该派僧人带黄帽，俗称"黄教"。
　　宁玛派：该教派是藏传佛教诸派中最早的一派，穿红色僧衣，俗称"红教"。
　　噶举派：活佛转世系统始于该派，在藏史上影响巨大，穿白色僧衣，俗称"白教"。
　　萨迦派：教主由款氏家族世代相传。有血统、法流两支传承。被俗称为"花教"。
　　噶当派：用佛语来教导人们接受佛教的道理、教义。
　　觉囊派：得名于地名觉囊，全名觉摩囊。

图 1-35 藏传佛教门派　绘制 刘丽君

1.4.2 藏民族原始信仰简述

在藏区，高山大川、江河湖泊都受到特殊的礼遇。高原自然神秘莫测，自然景象变幻万千，这里造就了一个封闭雄浑而又气势磅礴的地理单元。原始的先民认为这是神灵的力量，于是，对大自然产生了莫大的恐惧、敬畏、崇拜心理，逐渐衍化成为一种古老的原始宗教信仰。藏族先民将世界分为天界、地界和地下三界，由天上的赞神、地上的年神和地下的龙神来管理。天空被视做神灵存在的世界，与天空有关联的事物都被认为具有神性而获得供奉祭献。例如，传说第一位赞普从天而降被 12 位苯教牧人发现，奉其为王。日月星辰被奉为光明之神，受到敬仰和尊奉。风、雨、雷电、冰雹等自然气象对藏民生产生活有很大影响，尤其是恶劣的气象条件。因此产生与这些自然气象相对应的神或鬼，被尊奉或者有专门的法术预防，也产生了执行法术的僧侣或巫师。

地上的神灵则随着时代的发展，分工越来越细，各司其职，与部落的生活也越来越接近。比如土地神（藏语称"典玛"）司地上生长的植物和地下的宝藏；山神则是部落集体保护神，保佑人畜平安、对外战争顺利；水神则清洗心灵的"无毒"。地下的龙神是人间致病之源，因此从入夏后要向龙神献祭，以博得他们的欢喜和宽恕。

除了尊天礼地，藏民对于鬼魂也是顶礼崇拜。吐蕃从智贡赞普去世后，开始修筑陵墓、实行守陵、祭陵习俗，视先人鬼魂为本部落保护神。随着藏传佛教的形成，守陵习俗才被禁止。

图 1-36 窗前转经的老人　　　　　　　　　　　　　　图 1-37 磕长头的老人留下的印痕

1.4.3 全民信教的阿坝

在阿坝，藏族信众的生活生产均带上了浓厚的宗教色彩，可以说宗教与百姓的生活和生产息息相关：无论婚丧嫁娶、治病、农牧生产、出行、建房等均会按照宗教仪轨向神佛祈祷，请喇嘛卜卦、祈福禳灾；凡有灵性的山川、河流、树木、山石会得到祭祀；即使在平凡的日子里信众们依然口诵六字真言，摇动手中的转经筒，俯身磕着长头（图 1-36、图 1-37）。

1.4.4 上、中阿坝寺院分布规律

地处藏文化边缘的安多地区，在卫藏中心区的数次宗教劫难和派别之争中，成为避难之地，保留了受难教派的薪火。阿坝地区宗教类型多样，佛教现存主要教派（格鲁派、觉囊派、宁玛派、萨迦派）和苯教的寺院在阿坝地区均有分布（图 1-38 ～图 1-48）。

藏区的寺院不仅是宗教中心，同时还是政治中心、经济中心、教育中心和社交中心等，是广大信众与宗教取得联系的最佳场所。它与所属部落血肉相连，信奉某一教派的部落接受该教派教义，遵守其教规，形成具有该教派文化素质的部落集团。寺院上层与部落头人合作，一方面倡导该教派文化，一方面政治上密切配合，参与部落军事、民政、司法等重大事物，构成"政教合一"的政治体制。

图 1-38、39、40 格尔登寺（格鲁）

图 1-41 各莫寺（格鲁）

图 1-42 各莫寺僧房区　摄影 林野

图 1-43 赛格寺（觉囊）宗教构筑物

图 1-44 赛格寺前身赛桑寺院遗址

	1-38		1-41	1-42
1-39	1-40		1-43	1-44

1-45

1-46 1-47

图 1-45 远眺夺登寺（苯教）

图 1-46 朗依寺（苯教）

图 1-47 夺登寺（苯教）

图 1-48 夺登寺大殿室内

　　民主改革前几乎每家每户都有人进入寺院，村寨和寺院也有不可分割的关系[10]。寺院会力争控制尽可能多的村寨，致使寺院之间的间隔距离尽可能地大；村民除了重要时刻去重要寺院外，日常生活中会尽可能减少距离，到最近的寺院进行转经、拜佛等活动，这样就形成一个寺院控制的半径，半径的上限是寺院的服务半径能否满足村民日常宗教生活的需求：其一，村民在一天从村寨到寺院往返能够去到达的最远距离；其二，寺院是否在村寨可视范围之内，即村民日常生活劳作中能否看到、感受到宗教与其同在，给其生活以支持；其三，僧人是否便于到达村寨，从事宗教活动；同时由于几乎每家村民都有成员出家为僧，一些与村寨关系密切的寺院中僧人与家人时有联系。即视线距离和步行距离决定了寺院和村寨距离。半径的下限是村寨经济、人口状况能支撑寺院的需要，以及寺院之间的互相排斥力。由此寺院之间形成一张覆盖阿坝地区的网络（图1-49）。

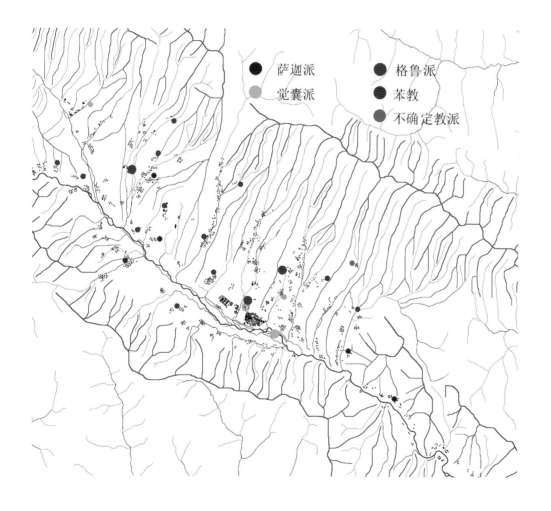

　　● 萨迦派　　● 格鲁派
　　● 觉囊派　　● 苯教
　　　　　　　　● 不确定教派

图1-49 阿坝寺院分布
绘制 郦大方

---

10 根据县志，1958年民主改革前，全县有各教派寺院50座，僧人8247人，僧人与村寨居民数量比例约达28%。在30%左右，大寺院僧俗比例
　　更高。按照四川省阿坝州藏族社会历史调查统计数据，中阿坝中部的格尔注23个寨子拥有522户2050人，三个寺院僧人六七百人，约占
　　30%，阿坝地区格尔登寺、赛格寺、郎依寺等大寺僧人数与当地人口数比例达到60%以上。 以上数据显示出，僧人与村寨居民数量上比例
　　在30%左右，大寺院僧俗比例更高。

寺院分布在村寨附近，与聚落分布规律相符：在阿曲河北岸除了郎依寺外，格尔登等另外三个大的寺院均分布在河坝平缓地之上，在平缓地分布的寺院间距从米，其余寺院从河岸顺着支山脊向山中延伸分布，几乎在每一个有村寨的山谷都有寺院；在阿曲河南岸，大致平均分布在河与山之间不宽的平缓台地上。

寺院之间，等级森严，关系错综复杂，但它与部落社会的结合构成了阿坝地区丰富的历史。

1.4.5 拉布择覆盖下的聚落

遥望阿坝，远远地就可以看到山顶竖立起的飘着经幡的箭堆，密密麻麻，犹如满天繁星。它是人类聚居地在雪域荒原的地标，也是安多藏区一个标志。深入阿坝，在聚落周围或高或低的山上都会有一个个这样的箭堆，当地称之为"拉布择"（图 1-50）。

图 1-50 聚落背后的拉布择

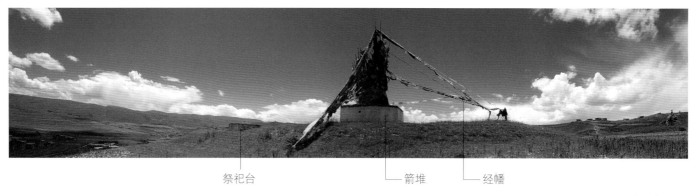

祭祀台　　　　　　　　　　　箭堆　　　经幡

图 1-51 拉布择构成

　　"拉布择"由箭堆、祭祀台、经幡构成，是祭祀山神的场所，村寨附近的箭堆是守护该村寨的山神的祭祀场所。藏民认为这些箭是山神保卫他们的土地和其上生活的人民的武器（图 1-51）。

　　每个村寨都有自己的"拉布择"，有的有数个"拉布择"，有远近和方位上区别。据当地人介绍，阿坝地区共同的"拉布择"建立在北部名为"王"的山上。

　　每年特定时间，部落成员集体祭拜山神。祭祀山神的仪式，首先：僧人诵经，向山神撒敬青稞，请其净化粮食；然后点燃沾水的柏枝煨桑，向柏枝堆中撒青稞等物，浓重的香烟便升腾起来；众人向空中抛撒"龙打"（"龙打"又称风马旗，是一种印有各种动物和六字真言的小方块纸，动物多用飞马。传说山神以风为马，骑着它在高山峡谷中飞舞。祭祀时千万张"龙打"撒向空中，随着桑烟的热气在空中飞舞）；之后更换掉箭堆中旧的箭矢。袅袅香烟，空中飞舞的五色的龙打，伴随着低沉浑厚的诵经声音，整个祭祀活动神秘而庄重。其后众人绕"拉布择"三圈，祈祷神灵保佑全家健康，消灾免祸，人畜兴旺，五谷丰登。朝山完毕，大家聚会，喝茶（图 1-52）。

　　"拉布择"的起源有几种说法，一是认为源于松赞干布在宫顶插箭做装饰。百姓在赞普居住地插箭，作为权威的象征，由此演变成宗教习俗。二是认为远征他乡部落军队，以箭作为路标，其后箭堆成为战死英雄的灵魂所在地，英雄灵魂能保护军队而压制敌人，又逐渐演变为保护部落住地的神灵。三是与蒙古族"鄂博"（敖包）相近，"所谓鄂博者，即垒碎石或杂柴、牛马骨为堆，位于山岭或大道。蒙俗即以为神祇所忌，敬之甚虔。如遇有疾病、祈福等事，辄为鄂博是求，寻常旅行，每过其侧，亦必跪祷，且垒石其上而后去。"[11] 这里所说的"鄂博"与嘛呢堆接近。无论哪种说法，"拉布择"起源与三个因素有关：其一，是由藏民万物有灵观念产生的，源于对聚落所处周边环境（尤其是高于地平的山体）神灵崇拜；其二，长期处于部落冲突，因而选择作为武器的"箭"作为"拉布择"的构成标志；其三，藏族部落生活的空间场所空旷，自然环境恶劣，居于高处的人工构筑物不仅对于远征的军队是指示，也对远行从事朝拜、游牧的部族成员构成心理的慰藉。

11 转引自《绥远通志稿》。

　　"拉布择"编织成一张覆盖在阿坝聚落之上的神灵网络，保护着生活在其中的各部落居民，它标识着各部落神灵所护佑的人的生活场所，将其与茫茫荒原分离出来，也强化了当地的资源分配与分享体系[12]。"拉布择"保护着其下生活的人们和他们的土地，在特定的时节聚拢部族成员，增强部落的凝聚力，限定各部落的空间领域，强化本部落与他部落的区分；为远行的人员提供路标。

图 1-52 节日中的格尔登寺拉布择

---

12 王明珂分析羌族村寨守护神祭祀不仅涉及宗教，也是对土地等资源边界的划分，祭祀活动增加本群体的凝聚力，也强化了本群体与他者之间的区分（王明珂. 羌在汉藏之间[M]. 北京：中华书局，2008：41）。拉布择祭祀与羌族的山神或庙子祭祀在这方面所起的作用是相同的。

1.5 半农半牧的生产方式

阿坝属于半农半牧的生产方式，农田就在村寨附近（图 1-53、图 1-54），牧场却离得较远（图 1-55）。几乎每家既有农田又有牧场。

阿坝中部为盆地，地势较平坦，是主要农作区。盆周为山原，盆缘南部草甸植被良好，是本区冬季牧场；西部植被较差，是本区夏季牧场，也是贝母、甘松、大黄等野生中药材主要产地。

村寨分布在农田边缘，多处于台地之上，以节约耕地。在部分村寨开阔的地方，是村民共同的劳作场所（图 1-56）。这里的住宅由建筑和院子两部分构成，住宅顶为平顶，在房顶和院中可以晾晒收获的农作物。房屋底层多为牲畜栏和堆放工具之处，二三层有堆放粮食的空间。宅院成为藏民生产的一个场所。

图 1-53 上阿坝各莫乡熊洼村农田
图 1-54 安斗乡华罗村四队农田
图 1-55 牧场

　　民主改革前农田和牧场由土官进行分配，不同村寨的牧场相邻，有时需要经过别的村寨的牧场到达本村寨的牧场。阿坝地区属于高原寒温带半湿润季风气候，冬春相连，水热同期，境内牧草生长呈现极强的季节性。草场被分为冬季草场和夏季草场。牛群在（尕尔康）夏季草场放牧，冬季白天在冬季草场放牧，多居住在温暖向阳的固定牛圈中，牛圈用夯土或牛粪堆积。

　　在阿坝，寺院、村寨、农田构成了一个稳定的体系，长长久久。拉布择傲然挺立在村寨边，远处香雾氤氲，磬声缭绕，经声回荡，如天籁的回响，盘旋在蓝天白云下、苍茫大地上，飞过洪荒，飘过岁月。

图 1-56 下阿坝茸安乡晾晒场

02个体的藏族聚落——村寨

The Individual Tibetan settlements——Villages

"天空的尽头是羊群，羊群的尽头是天空。

阿坝，我远远地分不清楚哪里是羊群，哪里是云朵。

还以为羊在天上奔跑，云在地上吃草。"

傍晚炊烟呀呀，牧民的歌声悠悠，一缕一缕传向阿曲河畔的村寨，那里有等待的卓玛和如火的格桑花。

寨边的转经筒吱吱呀呀，溪水在村寨中川流不息、叮叮咚咚。而星罗棋布的古老的藏寨民居，伴随着光阴流年，亘古挺立。

阿坝河谷中一个个村寨构成了聚落，这些村寨成为当地藏民生产、生活的场所。村寨的空间形态记录了当地居民的生活，印刻下村寨发展的历史。

2.1 村寨空间结构类型

村寨空间形态涉及村寨的形状、村寨边界、村寨内各要素构成的空间结构、各要素之间关系、村寨内部空间序列与空间等级。藤井明将聚落分成两种类型，一种是明确表示中心的聚落；另一种是力图消除中心的聚落。在消除中心的聚落中又可以分成两类：同种性质的住居以加法的形式递增和住居呈离散的形式散布在广阔的大地上[1]。

2.2 汉地村寨——中心式空间形态

汉地村庄，实行宗族和家族制度，聚族而居。宋代以后，随着门阀制度的彻底消失和程朱理学的兴起，封建家族制逐步形成以"祠堂、家谱和族田为主要特征的家族制度"[2]。祠堂是家族组织的象征和核心，是祭祀祖先的神圣之地。祭祀的仪式沟通了族人与故去的先人，加强族人的共源意识，构建起村庄内部的凝聚力。家族成员围绕祠堂居住，祠堂成为村庄生长的内核，它使村庄具有内聚性和向心力。随着村庄发展，同一姓氏的家族成员增多，出现多级祠堂，包括总祠、支祠、家祠等，各房系的成员围绕自己的祠堂居住，形成层级鲜明的多核结构。

1 藤井明，宁晶. 聚落探访[M]. 北京：中国建筑工业出版社，2003：20
2 郭谦. 湘赣民系民居建筑与文化研究[M]. 北京：中国建筑工业出版社，2005：73

图 2-1 楠溪江岩头村祠堂

图 2-2 楠溪江岩头村祠堂中的戏台

村庄内层序清晰。从居民的房屋与祠堂的关系可以看出该成员在家族中的位序。祠堂外通常带有广场，有的祠堂更与戏台结合，戏台上唱着这里的玉树芳兰，唱着流逝的锦绣年华，祠堂成为村民公共生活的重要场所（图 2-1、图 2-2）。

自唐以来，科举制度成了学而优则仕的途径。"朝为田舍郎，暮登天子堂"，在这样的社会普遍认知下，各宗族非常重视族内子弟的教育，纷纷建立私塾或者书院。一般来说，私塾建于乡绅家内，条件好的则在村中建书院。书院则成为村落内另一个重要的活动中心，而各家的住宅则成为村落的细胞。

在讲究礼制、秩序严明的汉地社会架构下，汉地村落呈现出一派等级鲜明的特点：以总祠为中心，各级祠堂为次中心，书院、牌坊、各类庙宇为张力点，道路为联系纽带，大面积住宅为基底。重重院落层层叠叠，蔚为壮观。

2.3 上、中阿坝村寨——无中心均质式空间形态

2.3.1 无中心均质式空间形态

与汉地村落众星拱月、等级分明、参差错落的布局结构不同，上、中阿坝的村寨里或松或紧安详地摆放着一栋栋独立的夯土房屋，随意自在（图 2-3）。

图 2-3 上阿坝夯土宅院

  这些繁星点点的村寨中有两种村寨较为特殊：一种是中阿坝土官官寨所在铁穷村，另一种是隶属于寺院的塔哇。

  铁穷村是官寨驻地，官寨体量庞大，高四层（目前仅存外墙，2006 年开始复建），为独立院落式房屋。官寨占地 6 700 平方米，建筑占地 2 680 平方米，属于当地传统的藏族土木建筑，共有 230 间房间。官寨底层设立老人住宅、地牢、马厩、柴火库等；二层布置厨房、仓库、客房、使女和娃子住房；三层是土官的衙室、卧室和经房；四层设有格尔登喇嘛的寝室、大小经堂和秘书室、档案室。官寨内还设有客栈和作坊店铺。在官寨周边体量较小的夯土住宅是同村居民或其手下居住（图 2-4、图 2-5）。

  而塔哇村居民为寺院控制，较之其他村寨贫困，社会地位也更低，其成因较为复杂。

  除上述这两种村寨外，在阿坝最为常见的村寨便是普通的部落村寨。这些村寨依山就势，平坦之处多为块状聚集，山脊或水边又多以线形为主。体量相近、外观类似的各栋住宅或散或聚布置在村寨中，彼此保持一定距离，没有一定之规。村寨之中没有特别突出的大型建筑物，中心没有公共建筑和广场。

  这里的村寨形态上属于无中心式均质聚落，类似藤井明所分析的"同种性质的住居以加法形式递增"[3]，而非那种一望无际散布在广阔大地上的离散型聚落。村寨中没有等级，外围的拉布择构建出明确的边界。

3 藤井明，宁晶. 聚落探访. 中国建筑工业出版社，2003：25.

图 2-4 麦桑官寨废墟
图 2-5 麦桑官寨
庄学本摄 引自庄学本全集 132 页

2-4

2-5

矩形图例中的建筑为麦桑官寨

2.3.2 空间形态成因

上、中阿坝村寨的自由均质布局之所以会与汉地村落的众星拱月式布局迥然不同，还得庖丁解牛，深入其内部，探究原因。

（1）部落成员主体关系较为平等

"畏桑"处于藏族部落成员中间阶层，属于自由民，由农牧民和小头人构成，是部落成员的主体。他们领取部落分配的农田和牧场，没有离开部落的自由。村寨的寨首虽多为世袭，但在政治、经济权力方面并无更多特权，寨民对他没有规定或变相的负担，寨首只是扮演着调解寨中小纠纷、联系土官与百姓的角色。他不具有村寨的核心身份，自然而然，他居住的房屋也不会是村寨的中心。

20 世纪阿坝地区仍处于原始社会末期农村公社向私有制经济为基础的社会过渡阶段，作为部落主体的中间阶层成员，他们与部落相互依存，要为部落做贡献，部落也尽力保护他们。同时，他们在经济活动、宗教活动享有平等权利。所以村寨内居住建筑差别较小，形成均质分布的规律。

（2）祖先崇拜弱化

阿坝的村落大多数属于血缘村落，与汉地村落类似，但藏族村寨与汉地村落有一个极大的差别，即在这里见不到作为村落内核的祠堂。

藏族家庭财产按父系继承，但继承方面，并不完全依据血统确定。血统的纯洁只强调血统等级的高下，而且完全看父系的血统。养子与赘婿与亲子有相同的继承权，只要继承者是同等级的血统即可。在这里，自家的男孩出家为僧或入赘其他家庭，使原有家庭血缘关系中断，而续之以其他血缘系属的情况更是不在少数。

藏族部落中存在祖先崇拜，祖先的鬼魂被视为本部落的保护神，崇拜者对祖先鬼魂有祭祀责任和义务，要按照祭祀礼制定期祭祀。但是在藏传佛教形成后，佛家的出世思想、前世今生的因果报应学说，与崇拜祖先、重视血统和血缘关系的观念不同，佛教的传播削弱了血缘观念在社会生活中的影响。

（3）宗教设施多分布在村寨边缘

在阿坝，宗教渗透在藏民思想与日常生活的各方面，影响着藏民的衣食住行。村寨中分布着大量宗教设施，其中最重要的是拉布择、郭康、荣康、查康和各种经幡。

村寨的外围山顶由"拉布择"（箭堆）构成村寨心理上的边界。

村寨中有放置转经筒的单层小房"郭康"，村中老人每天都会去推动巨大的转经筒，推累了便坐下休息，与其他邻里聊天，小孩子依偎在老人身旁，叽叽喳喳，"黄发垂髫并怡然自乐"（图 2-6 ~图 2-8）。

郭康多数建造年代不远，都是在村寨经济较好的年代修建，而不是建村之时修建，村寨中心已无地可用于建设。郭康有的位于村寨边缘入口附近，有的位于村寨中部，并无定势。因为藏民在选择郭康位置时，强调的是宗教意义上的洁净，同时便于村民到达，相较于中心，边缘较少受到干扰。

图 2-6 郭康内景
图 2-7 郭康外观
图 2-8 麦昆齐卡洛寨的郭康
引用 google 地图　绘制 郦大方

2-6	2-7
	2-8

郭康

部分村寨中建有公共宗教建筑物——荣康（图2-9～图2-13）。荣康不是必须配建，有的村寨紧靠寺庙，宗教活动可以在寺庙中举行。每年开春，藏民集中念"嘛呢经"，祈求一年人畜两旺。会期会首打灶烧茶，供念经人众饮用。之后三天念"哑巴经"，三天内不吃饭、不说话。有"荣康"村寨，村民集中于"荣康"念经，念经由寺院大喇嘛主持。平时"荣康"处于闲置状态，在村寨需要时，会请喇嘛到"荣康"念经，为全村人祈福避灾，尤其在夏日多冰雹的季节，各村常请苯教寺院僧人念经趋雹。

荣康一般布置在村寨边缘，一面或者多面不与住宅相邻，有较开阔的视野。它很少布置在村寨中间，与村寨中的住宅保持适当距离（略大于住宅之间的距离），突出于住宅群。

图 2-9 荣康（上阿坝四洼乡阿尔根寨）

图 2-10 荣康（德格乡日进贡寨）

图 2-11 荣康（上阿坝四洼乡阿尔根寨，村寨南侧圆圈标示处）

引用 google 地图

2-9	
2-10	2-11

2-12

2-13

图 2-12 荣康（德格乡日进贡村）
图 2-13 从位于村寨边缘的荣康看村寨（德格乡日进贡村）

　　"查康"是用于堆放查查（泥菩萨）的小型夯土构筑物，为居民祈福避灾之用（图 2-14～图 2-20）。当地的查查用磨具在泥土上印出菩萨图像。查康通常高度在 1 500 毫米以下，夯土砌筑出台状体量，平顶出檐，一侧墙身接近屋顶处开设矩形洞口，造型与住宅相似。它一般在独立布置每栋宅院外侧，也有与外墙连成一体的，少量将查康藏在住宅内部底层牲厩之中。方位是在建房之时由活佛卜卦确定的。通过访谈发现它既可能是相对宅院的"吉"的方位，也可能是避邪的方位，还有的选取时候因为自家宅院与邻近宅院出现对角布置，在对角位置自家宅院外设"查康"，以破坏对角线。由于其体量较小，所以对村寨空间结构影响较弱。

　　藏族经幡种类很多，表达意思也很多。通常在经幡上印上经文，风吹过经幡，代替设立者诵读经文。每家住宅前都立有经幡，在家中有特殊事件时会挂着其他经幡，而属于整个村寨的经幡通常挂于村寨外山头或山谷（图 2-21、图 2-22）。

| 2-14 | 2-15 |
| 2-16 | |

| 2-17 | 2-18 |
| 2-19 | 2-20 |

图 2-14、15、16 查查及制作
图 2-17 德格乡造型特殊的查康
图 2-18 甲尔多乡正达村一队的查康
图 2-19 各莫乡俄休村造型特殊的查康
图 2-20 各莫乡俄休村麦穷队雷哈尚室内查康

　　宗教深深渗透在藏民的生活之中，影响着藏民的思想，规范着他们的行为。这些宗教建筑物和构筑物几乎没有择中布置的，反而很多布置于村寨边缘。中心与边缘在这里有着不同于汉地社会的表现，汉地在水平空间中择中为尊，这里却似乎并不重视"中"（"上"与"下"更能凸现尊卑与高低，住家中的经堂总是置于房舍最上层，寺庙中的主体建筑与次要建筑的关系不是通过中轴线组织实现，而是通过建筑体量大小、建筑的高度确定。高处相对于低处不易到达，因此也比低处更"干净"），"边缘"反而获得了某种重要的地位。"边缘"相较于"中心"更少受到干扰，更容易获得纯净地位，因此也更"干净"，所以适合将神圣的宗教建筑置于"边缘"。这里"边缘"具有了非几何学"崇高"的意义。

　　综上所述，上、中阿坝的藏族村寨从社会结构、社会制度、成员构成、宗教信仰、空间意识等多方面因素造就了当地村寨的空间结构，在这里，村寨的"中心"并不具有特别重要的意义，没有"以中为尊"的概念。村寨中各项构成要素也不具备成为中心的地位，因此，形成了当地村寨无中心式均质空间结构。

2-21

2-22

图 2-21 村寨外的经幡
图 2-22 经幡与远处的拉布择

2.4 探访古村寨

　　走在阿曲河畔的藏寨民居中，看着那高墙深深，木屋金碧辉煌，村边的转经库轮吱吱，经年不息，逝去的日子如阿曲河的水，永不回头。

　　麦昆藏寨、各莫藏寨、德格藏寨……如一条条飘在阿曲河上的船，从历史的深处驶来。静静地、悄悄地从巴颜喀拉山的脚下经过。往日战乱与硝烟，已被岁月湮灭，只有这些古老的藏寨民居，穿越时间的隧道，破土而出，傲然挺立；那黄泥夯筑的厚重的墙，依然徘徊在我们身边，流淌着逝去的光阴以及老阿妈魂牵梦绕的怀念（图 2-23）。

　　就在这怀念中，我们探访了数处古村寨，按照其外形，可以分为线形、团块形村寨。

图 2-23 夕阳下的僧人与村寨

2.4.1 线形村寨

线形村寨是指宅院主要沿某一方向排布，并排串联的较长，而使村寨呈线状形态布局。

（1）实例一：中阿坝铁穷达尔扎寨（图 2-24~ 图 2-26）

达尔扎位于河谷地带，高山融雪从东北山上向西南流下，跨河是一段与河平行的山脉。河流在山的尽头与山另一端的河流汇合。河南岸呈缓坡台地，南面山头是苯教寺院夺登寺，当地居民多信奉该寺院。透过山口可以远眺东北方向金字塔形山峰，西南方向是起伏的农田，视野开阔。村寨被一道沟分成两部分，北部属于标准的线形，长约 530 米，南部属于团块状。沟边立着村寨的"拉布择"。河对岸山坡缓坡台地为农田，山脊端头和远处最高峰矗立着"拉布择"。村寨北部河道蜿蜒曲折，在河岸升起的台地上，宅院垂直台地边缘布置，朝向东南（与其对比，南部团块状村寨中的宅院多采取西南朝向）。置于台地上的村寨距离河道 30 米之上，有利于避免洪水造成的破坏。宅院相邻，但不相连，栋与栋留有 3~5 米距离。房靠台地一侧，外侧是院子。村寨农田逐渐向夺登寺所在山坡过渡，变成梯田。农田被分成条形，宽的约 20 米，窄的约 10 米，平行分布，构成了划分大地的格网。宅院宽度与一条宽的农田或者两条窄的农田相近。

图 2-24 中阿坝洼尔玛乡铁穷村（引用 GOOGLE 地图）

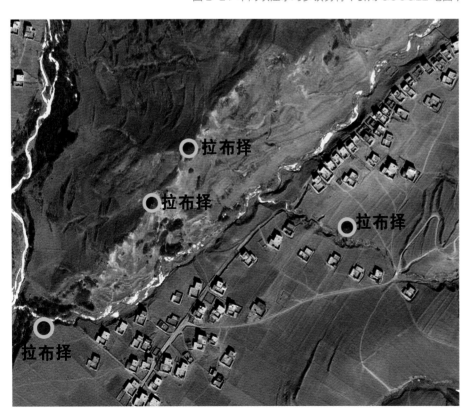

2-25
2-26

图 2-25、26 中阿坝洼尔玛乡铁穷村

（2）实例二：中阿坝洞沟飞俄寨（图2-27、图2-28）

　　村寨位于中阿坝官寨西面山头背面山坡上，分为两组，每组规模不大，不到10户人家。山体坡度不大，田地是以梯田的方式，顺坡而上，形成一块块长矩形的农田。农田大小不一，大部分顺着等高线的方向垂直坡向布置。山坡边一道顺着坡度方向的裂沟将山坡切开，田地在此中断。宅院垂直裂沟靠近其边沿布置，每户朝向基本保持南北向，院在房的南面，户与户间距较大，寨子呈线形在山坡上展开。房屋随着地形错落布置，线形因此呈曲线。每一栋宅院占据的宽度恰好是一块农田的宽度。宅院取南北向，因此顺着山坡面的是建筑封闭的山墙面，从对面山头望过来，宅院的水平线条与田地的水平线条平行，沿坡而上，浑然一体，如大地中生长出来。

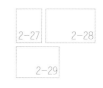

图 2-27 中阿坝洞沟飞俄寨

图 2-28 中阿坝洞沟飞俄寨
（引用 GOOGLE 地图）

图 2-29 中阿坝麦昆齐卡洛寨
（引用 GOOGLE 地图）

（3）实例三：中阿坝麦昆齐卡洛寨（图2-29、图2-30）

　　"齐卡洛"的意思是河边村落，它位于溪流沃柯岸边。沃柯由东部向西南流下，两边山体坡度较缓，耕地从河边蔓延到山顶。村寨靠近河边，一条乡间土公路平行河道从西南成阿公路延伸过来，路与河将村寨宅院部分用地划分成线形。宅院与农田呈现的网格相重合。与前两个案例比较，齐卡洛线形构成更为复杂，宅院不止临河布置一层，还向公路分布第二、三层。寨子可以分为三组。西南一组处于村寨入口，规模较大，一部分跨越道路。宅院垂直河流保持东南朝向，中部一栋宅院后退，围合出临河的一块空地和临路的一块空地。临公路的空地中布置了"郭康"，村寨中的老人每日均在此转经。中部和东北部两组宅院部分保持垂直河道的东南向，部分选择正南北，在临河一侧围合出两个空地，空地中没有特殊的构筑物。从公路伸入宅院部分的小路并不严格按照田块的分隔边界，部分呈放射形。

　　从上述三个例子可以看出，线形村寨具有以下特点：① 村寨多处于不是特别宽裕地带，例如山坡、临近山脚的地段，地段中往往有河道、陡坎等自然的线形因素。② 地段中大部分地区用作农地，农田的分隔或与等高线平行、或是垂直与自然的线形因素，呈现长矩形。由此形成一张覆盖大地的网格。③ 村寨宅院部分被挤压在田地边缘，临着自然的线形因素布置，宅院彼此相邻但不相靠，朝向基本一致，每个宅院通常占有网格的一个或两个宽度，村寨因此形成狭窄的线形。④ 道路从村寨外延伸过来，通常顺着线形方向贴着宅院外围通过，串联起各家各户。⑤ 在较为复杂的线形村寨，往往会因地形或是住户的亲缘关系分成若干组。⑥ 村寨的宗教设施一般在线形的端头，尤其是入口处。

图2-30 中阿坝麦昆齐卡洛寨

2.4.2 团块状村寨

团块状村寨是指村寨内一定数量的宅院在两维方向上聚集在一起，构成没有特别明确方向的块状外形的村寨。

（1）实例一：中阿坝龙藏乡卡西寨（图1-2、图2-31~图2-33）

卡西位于成阿公路北部台地之上，台地南、西、东三面是陡坎，边界清晰。卡西寺紧贴着村寨东北，通过围墙、转经廊、树林与村寨截然分开。村寨宅院部分占据台地东南部，西部农田一直延伸到台地边沿，三个"拉布择"矗立在陡坎上（图1-2）。

村寨宅院高密度聚集，随机组成，没有明确的组织规律，显现出一种"无规则"状态。宅院基本保持西南朝向，之间保持一定距离。村寨没有明显的中心，中心部分房屋较稀疏，整个村寨被空地分割为分成四个"组团"，每个"组团"中又有空地。这里使用"组团"概念，仅是从形态角度去描述，"组团"内宅院并不具有多于与其他宅院关系的意义。由于缺乏凝结村寨的内在动力，团块状村寨边缘的几栋宅院呈向外发散的趋势。

一条简易公路连接成阿公路，从台地东南角斜切陡坎环绕后由西北连接村寨，进入村寨后与一条垂直于它的道路相交。村内有多条道路成枝状，从西南向东北，穿越村子，通向卡西寺。这几条树枝状道路是村内主要道路，其他道路自由地穿过村寨，连接着各个宅院和村寨外的农田。

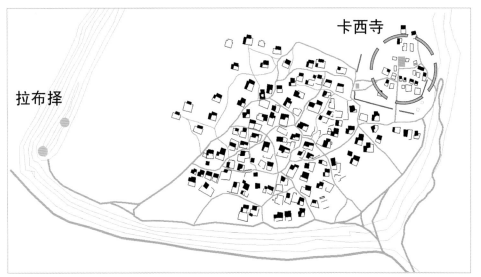

| | 2-31 |
| 2-32 | 2-33 |

图2-31 龙藏乡卡西寨
绘制 崔庆伟
图2-32 龙藏卡西寺
图2-33 龙藏卡西寨

（2）实例二：上阿坝四洼乡阿尔根寨（图 2-9 ～图 2-11）

阿尔根村位于呈直角台地上边缘，公路斜切直角将其分为东西两部分，主要宅院集中在西部。村寨长近 300 米，宽约 170 米。宅院平行台地边缘布置，取东南和西南朝向。宅院主要密集分布在村寨北部，沿着道路呈不规则式布置，中部空地还有一列宅院，宅院布局较自由。村寨南北之间一块空地，南部宅院呈簇状布置。步行道路从成阿公路切着台地边缘进入空地，连接各个宅院。寨子南部顶端，距离南部住宅 30 米处布置了"荣康"，"荣康"朝向正南。村寨北部为农田，由于地形较窄，没有在横向进一步分隔，纵向上分成约 8 米一条，3~4 个宽度等同宅院宽度。

（3）实例三：中阿坝龙藏乡塔拉寨（图 2-34）

塔拉东部临山，平地在两山之间的豁口向西部伸出。这里是中阿坝少有的大面积较平坦地区。龙柯河及其支流沿着东西两座山山脚向南汇入阿曲河，两条河间距近 730 米，河岸以上平地宽度近 700 米，一道深沟将平地切开，塔拉寨被农田挤压到沟两侧。从总体形态看，塔拉具有线形村寨特点，但其东部"组团"可视为团块状村寨。农田被分成四块南北长的长条形，简易公路从南向北延伸，在偏西四分之一处与深沟交汇，塔拉被公路分成东西两部分，西部靠近交叉口红色坡顶院落是乡政府，它的西部村寨沿着河岸呈线形分布。沿着深沟向东，到村寨中部，一条道路垂直深沟向北，构成倒"T"字结构，由此进入东部。入口沟底立着本村的"郭康"，跨沟悬挂着经幡，

图 2-34 中阿坝龙藏塔拉寨
（引用 GOOGLE 地图）

强调了"郭康"的重要性。宅院沿着沟两边布置，北部较密，南部较稀。沟的尽头村寨呈环形沿外围布置，四栋宅院布置在环形之中，一栋废弃的宅院处于环形中部，将内部分成三部分。道路沿沟进入村寨后，一条继续向东，在环形中部向南拐；一条向北，沿着宅院内侧环绕；一条向南出村寨，斜切农田，与简易公路相接。路网将团块状"组团"进一步分割成四部分，西北部分低洼地形成水坑。村寨东部临河，边缘宅院从环状形态中分离出来，沿着河岸成线形分布。宅院取南北向，间距较大，多在 20 米以上。东部线形部分、团块状部分各占农田形成的网格中的一条宽度。

从东部入口"郭康"边的路向北经过一户宅院，是本寨的"荣康"（下篇图 1-1）。院落式建筑高两层，采用坡顶。南门外一个小台子，举行活动时煨桑烟之处。小路围绕一圈，向西斜切农田，伸向西部"组团"边宅院，以方便村民到来。"荣康"北面还有四栋宅院，"荣康"和"郭康"位置处于村寨中心。但从整体看，村寨呈线形，最北面四栋宅院与村寨关系疏远，"荣康"的位置处于线形外围，且与宅院距离 45 米，大于宅院之间的距离。同时村寨被分成东西两部分，西部主要分布在西面一个宽度，东部主 要占据东面二个宽度，之间的一个宽度仅有两个宅院较为空旷，"郭康"的位置并不具有中心的特性，边缘的特性更强。

从上述三个例子可以看出，团块状村寨具有以下特点：①村寨处于面积较大的台地之上，台地以水沟、山坡作为边界。②台地上分布大面积的耕地，耕地将村寨挤压到台地边缘，临着台地边缘通常有小溪、河流，利于取水。③农田被纵向或横向的田埂分隔成有一定规律的网格，以便农田分配及耕作。村寨长宽尺寸、宅院尺寸受到这套

网格的影响。④村寨由各个宅院作为单元体组成，由于没有生长的内核和凝聚性的中轴，各单元体之间地位平等，受地形影响，会产生外围环状排列、密集等距排列、街巷式排列、多"组团"式分布等形态。⑤村寨外围宅院因缺乏束缚，零散分布，与主体若即若离。⑥规模较大的宅院，各个"组团"被空地分隔开，有的空地处于村寨中部。这些空地仅仅起到分隔作用，而没有成为组织周边宅院的作用。⑦道路切入村寨，自由联系各个宅院，并将村寨切割开。⑧宗教设施，例如"荣康"、"郭康"布置在村寨边缘，与宅院保持一定距离，同时方便村民到达。

2.4.3 小结

无论是线形村寨还是团块状村寨都遵循了此地藏族聚落布局的主要法则：①自然生态法则。因地而异，顺应地形地势，尽量不人为破坏原有自然山川环境。②社会生态法则。以部落制沿袭的较松散的邻里关系，并以藏族宗教为上理念决定宗教设施的布局，使神灵始终辅佑众生的安康和宁静。这两大法则非常巧妙而和谐地融为一体，达到了"天人合一"，"神人一体"的完美境界。

一马平川的阿曲河畔，灿若群星的藏式古建筑群落（图2-35），就这么安详地摆放着，自由而又自在，永恒地展示着岁月的流逝和历史的变迁，给我们带来了川西北高原最朴实、最纯正、最壮美的侧影，带来了藏传佛教寺庙中的晨钟暮鼓，留给人们终生回望的记忆和想象。

图2-35 初雪·阿坝
摄影 林野

下篇｜土木碉房

Part two: Fort-like Dwellings with Clay and Wood

01

独特风韵
Unique charms

在阿坝蜿蜒曲折的阿曲河谷两岸台地上，一栋栋厚拙封闭、形态相似、土木结构的藏族民居自由自在、星罗棋布、气势非凡。它们似一座座雄壮的土碉堡拔地而起，巍然屹立，在蓝天、白云、苍山和绿野的映衬下，显得纯真而质朴，壮观而神奇（图1-1）。

图 1-1 白云下的阿坝藏居

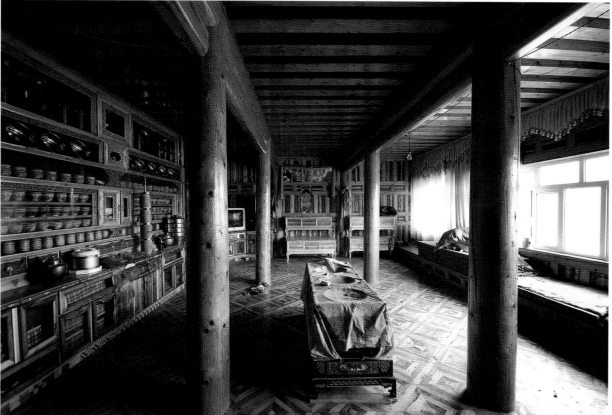

1-2

1-3

图 1-2 封闭的夯土墙体

图 1-3 丰富的室内木装修

阿坝地区"土木碉房"虽为人作，宛自天成，它们以惊人的协调和醇正，焕发出原生态建筑的粗犷与壮美，使人们既感受到与其他地区藏居约定俗成的风格的默契，又感受出阿坝地区"土木碉房"独有的神韵。王其钧先生在《图说民居》一书中将藏族民居概括为"石砌土筑的碉房"[1]，反映了藏族民居就地取材的特点。这里我们用"土木碉房"来形容阿坝藏居会更形象和贴切。

张斌先生在《藏维人家》一书中把阿坝地区的藏居概括为"外不见木、内不见土"，可谓一语中的。所谓"外不见木"，即房屋多为三层（个别两层），其外墙（包括院墙）大部分为夯土墙，自下往上收分并显露黄土本色，间有少许竖向白色条纹装饰，似长在黄土地上脱颖而出；外墙上基本封闭，局部开设通风小洞，只有朝向内院的外墙上设置较大的门窗。屋顶多为可以上人的平屋顶（或少有坡度），多用麦草黏土压实，显得厚重而沉稳；屋顶外檐口处露出方形密集椽头，层层出挑，以保护夯土外墙避免雨雪冲刷；其悬挑檐椽上的鲜艳油彩装饰，在大面积黄土外墙衬托下更加靓丽悦目。夯土院墙与房屋浑然一体，在入口门头上也装饰密集的椽头，与屋顶的檐口相呼应，同时饰以彩绘，华丽典雅，超凡脱俗（图1-2）。所谓"内不见土"，即房屋室内为木结构和木装修（木柱、木梁、木地板、木墙板、木吊顶），屋顶多采用密肋木结构，并根据房间使用功能不同，按藏族传统礼仪和习俗绘制不同的色彩和图案，使人感到既庄重、优雅又温馨（图1-3）。

总之，阿坝的"土木碉房"用"外土内木、外拙内秀"形容是再恰当不过的了。当然，它的形成有其特定的地域自然环境与人文环境的背景，它在内部功能和外部形式上到底有哪些特征和关联，它到底体现了此地藏居的哪些独有的奥妙和神奇，只有我们恭敬地走进它，零距离地触摸它，才能真正感知它、解读它。

---

1 因其厚重封闭的外形特征，通常将藏族的宅院形象地称之为"碉房"。

02 阿坝藏居类型

Categories of Aba Tibetan dwellings

　　阿坝地区实行半农半牧生活，农田分布在村寨附近，距离宅院不远。牧场距离村寨较远，分布在阿坝县境内山原之中，有的需要骑马数日。

　　阿坝牧业生产具有很强的流动性。藏民每年随季节变化在牧场之间迁徙放牧，他们受到自然环境的影响较大，对自然环境的变化更为敏感。半游牧的生产方式形成不同的居住方式，使藏民拥有多处居住地点即村寨固定聚居区、冬居点和牧场。

　　在阿曲河两岸较为平坦的河谷台地分布着农田，台地周边分布着厚重封闭的2~3层的夯土建筑，它们是居民固定居住空间（图2-1）；

　　每年冬季，在牧场和定居点之间、水草丰茂、避风的地方建立起居住点——冬居点。每家建造的冬居是用围墙围出草场，其中的建筑体量较小，高一层。建筑功能简单，内部依靠牛粪堆或木格栅分成两部分空间。主空间布置火塘，周围随意堆放生活必需品和垫子、被子；另一部分空间堆放牛粪或饲料。建筑平顶出檐，屋顶的排烟口很小。冬居是固定宅院的简化，也可以视为帐篷的进步，放牧季节禁止在周边放牧，处于荒废状态，入冬后多由家中老人居住看管牲畜（图2-2、图2-3）。

　　游牧季节，家中成年劳动力外出放牧或采药，帐篷成为流动的住房。帐篷功能相对简单，但几乎包括了定居生活中所需要的居住、采暖、饮食、宗教和储存等功能。帐篷中心是火塘，入口边放置牛粪等燃料，尽端供奉佛像，火塘两侧按照礼俗布置座位（图2-4、图2-5）。

　　无论村民怎样迁徙流动，他们最终会回到固定聚居点，这里有他们的田地和宅院。

图 2-1 固定聚居区 图 2-2 冬居点 图 2-3 冬宅室内

图 2-4 帐篷 图 2-5 帐篷室内

2-1	
2-2	2-3
2-4	2-5

03 土木碉房构成
Compositions of the dwellings

在村寨中，土木碉房一般由主房、附房、院落和查康共同构成。虽然形式不尽相同，但是游走其中，发现它们都拥有近似的空间结构（图3-1）。

图3-1 洼尔马乡洞沟村果儿洼寨某尚

3.1 主房

走进村寨中的土木碉房,翩然映入眼帘的便是院落中的主房。主房建筑由夯土筑成,四面墙体都有收分,由下而上墙体逐渐变薄,整体呈梯台状,远远眺望,显得厚重而稳定。主房通常高 3 层,外部由四面厚重的夯土墙围合而成,巍然壮观;内部则为木梁柱结构。主房每一层功能不同,底层通常用作畜厩,并堆放牛粪、饲料、粮食等物品;二层为日常起居及餐饮的主要场所;三层以经堂为核心,布置敞厅、厕所,一些新建建筑布置具有起居性质空间;屋顶用于晾晒谷物。为了防御和保温隔热的需要,外墙一般只在朝向内院的入口的墙上开有门窗,而且窗户较小(新建主房窗户有逐渐加大趋势),其他三面墙体呈封闭状。由于传统主房采光差、通风不良,一些藏民家庭开始搬迁到旁边的附房居住生活,主房仅仅作为诵经、家庭聚会、接待亲朋等礼仪活动之用。

3.2 附房

院落一侧通常建有附房,位于主房的前方或一侧。附房高两层,面向院落开敞,主要用于堆放生产工具和杂物。附房的层高低于主房,有的建有通道与主房直接连通,结构上仍为夯土外墙、木梁柱结构,房屋在朝向院落的方向开有大面积窗洞。随着生活条件的改善以及生活重心向附房迁移,加大了附房修建和装饰。

3.3 院落

上、中阿坝的宅院属于前院后宅的形式,三面围墙与主房共同构成院落。院落平面呈矩形,大多较为宽敞,面阔与主房同宽,进深小于面阔。在中阿坝哇尔玛乡铁穷村铁穷寨,主体房呈 L 形,附房与其短边相连,院墙紧接附属建筑,院落显得狭窄局促。院墙一般不做装饰,与主房外墙一样由夯土构筑,周围不开窗,高约 2.6 米。院门开设方向比较自由,多与正房大门保持同一方向,形成纵向轴线。在大门的上方挑椽出檐,成为装饰的重点。院落内可供居民晾晒衣服、堆放大件农具、种植蔬菜和饲养小家禽。在院落内部往往最抢眼的是已经被阳光烘干了的牛粪饼,过去,牛粪饼的多少是一家人勤劳和富裕的体现。今天很多藏民家中,它们仍然是家里取暖、做饭时使用的主要燃料。

3.4 查康

藏居每一户都带有查康,通常布置在院墙外侧。

04 主房构成探秘

The exploration of the compositions of the main room

    主房外部由四面厚重的夯土墙围合而成，土墙下部宽约1 100毫米，顶部缩至450毫米，能抗风、防雨和隔音，结实而耐用；主房内部通常也砌筑有一道厚重的夯土墙，将其一分为二。在这厚重的隔墙分隔下，建筑平面呈现出"日"字形的格局，"日"中的两个相互关联的空间，被当地居民赋予了不同的使用功能。在深入探访过程中，我们发现这两部分空间在空间构成、功能组织上完全不同。根据其功能将其定义为"前厅"（作为主要入口门厅）和"基型"（安排住宅中的主要功能）（图4-1）。

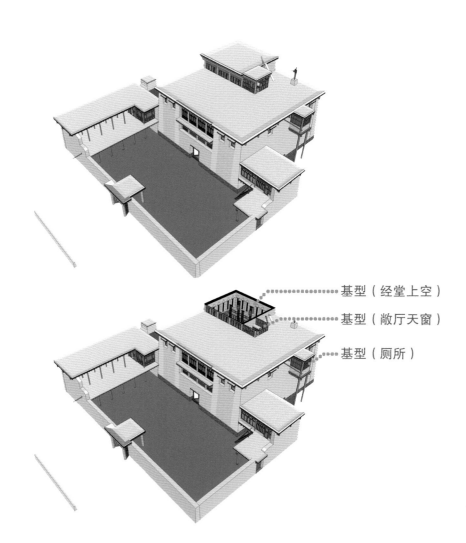

        基型（经堂上空）

        基型（敞厅天窗）

        基型（厕所）

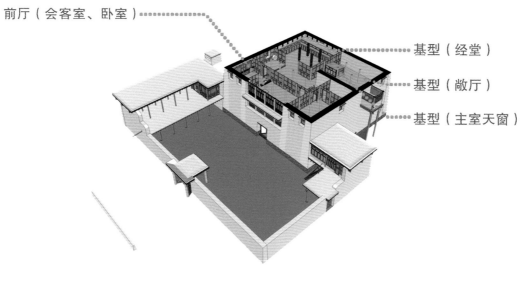

前厅（会客室、卧室）

基型（经堂）

基型（敞厅）

基型（主室天窗）

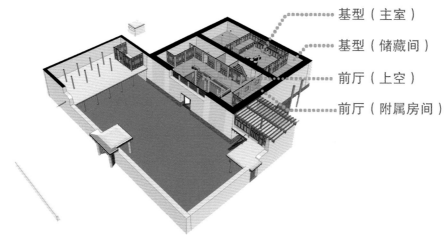

基型（主室）

基型（储藏间）

前厅（上空）

前厅（附属房间）

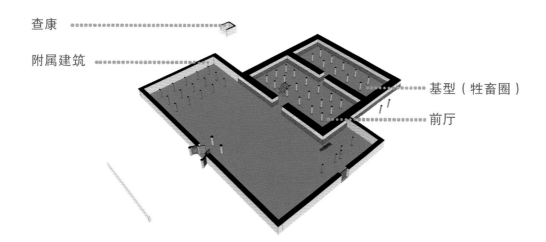

查康

附属建筑

基型（牲畜圈）

前厅

图 4-1 主体建筑空间模式
绘制 郦大方 秦超

4.1 前厅

前厅是进入主体建筑的前奏,前厅体量较大,通高两层(图 4-2)。面阔一般为七间,居中开间外墙上开门, 也有不少案例并不严格布置在中间开间。大门上方有一排横向的窄高窗,被外墙上露出的柱子分成 3~4 扇窗户,光线从高窗探入,幽然昏暗。

前厅的底层有的作为牲厩,有的堆放一些日常劳动工具,也有用简易隔墙隔出,堆放晒干的牛粪饼。通高部分有的占中间三开间,有的几乎占满整个前厅。二层沿墙三面布置回廊,有的在两侧山墙布置小房间,用于储藏或睡眠空间。二层上的回廊常安装转经筒。

一二层之间的楼梯布置在前厅,传统上用一根木头切削出踏步,斜搭在两层之间成为楼梯(图 9-22)。即使用单跑楼梯,梯段做的也很陡。陡峭的楼梯使牲畜无法上二楼,也使得不吉利的鬼不便上楼, 侵袭主人。

前厅的三层布置敞厅或房间,面向院落开设较大窗户,采光较好,现在多用于起居和家庭聚会。虽然这部分空间位于前厅上方,但功能属性上更接近基型。

前厅的功能比较单一,主要作为入口的门厅,但是它是整个建筑空间构成的重要组成部分,是空间序列的起点。在金戈铁戟的战乱年代,它在基型前建立起一道屏障,为他们抵挡了外部的刀枪箭雨。

4.2 基型

在上、中阿坝地区,主房经历时间的流逝,内部或者外部发生了或多或少的变化,但其内部空间中也有一些基本空间,虽历经时间洗涤,至今仍保持不变。我们将这部分居住空间称为基型。基型是阿坝地区住居最具特色、变化最少的部分。

4.2.1 基型构成

（1）底层

穿过前厅,即进入"基型"。基型的底层用于饲养牲畜和堆放杂物,是前厅功能的延伸。其内部一般不再分隔。

（2）二层

二层是阿坝居民日常起居餐饮的主要场所,用木墙分隔出几个空间,其核心是一间 3 开间 ×3 进深的封闭房间,房间的居中开间布置火塘（图 4-3 ）。

火是人类在与严酷自然环境斗争中最有力的武器,如果将草原中的水比做牧民生

4-4	
4-5	4-6

图 4-4 火塘
图 4-5 主室天窗
图 4-6 经堂

命延续的汩汩血液，那么火则是血液流淌时声声跳动的脉搏。原始人类发现火只是一个瞬间和偶然，人类当时对于这种神秘的存在物还不能够充分地认识和完全驾驭，于是在对火的恐惧与追逐中，产生了早期的火崇拜。中国很多少数民族在其历史上都有着关于火的崇拜，例如羌族、纳西族等。藏族也不例外，藏民认为，火是光明、洁净之神，可以辟邪、除秽和驱赶各种恶魔。千百年来人类围绕着火度过无数寒冷、危险的黑夜。藏民坐在火塘边有严格的规定，要按老少、尊幼的秩序来坐。禁止向火塘中扔不净之物，不能跨越火塘，也不能在火塘边大声喧哗。藏民喜欢饮茶，火塘中火焰不灭，酥油茶从早到晚煨在火塘上面，以便取食。无数个夜晚下，劳累一天的藏民一家人围坐在火塘边，喝着浓香的酥油茶，火焰的声音在火塘上方吱吱啦啦响起，在柴火上舞出一朵朵绚丽的花朵，盛开的是藏民家庭最明亮、温暖的亲情。火塘最初的形态很简单，之后用泥土砌筑成炉身，现在大量使用成型的铸铁炉子。

火塘所在的空间是住宅中的核心，我们称之为"主室"。火塘上空设有吊架，一般离火塘较高。正上方开有一个 1.5 米 × 1.5 米的洞口，洞口之上立着斜向盖板，构成主室天窗（图 4-4、图 4-5）。主室天窗既是通风排烟通道，也是主室的采光口，自然光从天窗探入，洒在屋中，神秘幽深。过去的火塘没有烟囱，油烟从通风口排出，通风口周边挂着厚厚的黑油。现在通过烟囱排烟，洞口清洁很多。主室具有综合功能，既是厨房和餐厅，还是待人接客的厅堂。天冷时和衣躺在火塘旁睡眠，兼具了卧室的功能，它是整个建筑中装修最好的房间之一。主室的正面墙体上包裹着绘以传统吉祥图案的木板和橱柜，柜子里摆放精致的杯碗碟具等餐具，餐具上的花纹彰显着藏族文化的变幻莫测。

主室两边用木隔墙分隔出两个空间，多为两开间。两间侧室临着外墙，为了防御，没有开设窗户，室内漆黑一片，多用做储藏各种杂物，它们成为居中主室的拱卫。

（3）三层

三层一般布置经堂和敞厅。经堂（图 4-6、图 4-7）也是 3 开间 ×3 进深的房间，二层主室上方的天窗占据了居中开间，经堂被推向左侧山墙（背对入口方向，因当地建筑朝向并无定制，无法用朝向描述），因此，与敞厅的隔墙偏在主室上空两个开间之间，贴着天窗边缘。它的屋顶高出同层屋顶四五十厘米，形成侧高窗，光线进入，掠过挂在柱子上的唐卡，投射在佛像、法器之上，增加经堂神秘的气息。布置在顶层的经堂减少了日常家居生活的干扰。对于全民信教的藏族居民，经堂无疑是最神圣的空间。其规制、装修是建筑中最好的空间。

敞厅是功能未确定的空间，是堆放青稞、牛粪等杂物的场所。主室天窗设置在这里，敞厅上空也安置天窗以解决采光，天窗通常在主室天窗下面一个进深处（背对入口方向），与二层主室天窗在纵向上错开，以便光线斜着进入主室（图 4-8）。

部分宅院夯土外墙一侧会悬挂伸出一个小木屋，木屋下部用两根长柱作为支撑。这就是厕所。厕所悬挂于室外，粪便直落到下面粪坑中，不会对屋内空气造成污染。在

图 4-7 经堂

当地只有经济条件比较好的家庭才会修建这种厕所（图 4-9）。

三层屋顶开设洞口，放置由一根独木梯通向屋顶。有的利用三层天窗洞口，条件好的会建一个专用小阁楼作为楼梯间。

（4）屋顶

屋顶通常作为宗教活动场所和晾晒粮食的平台（图 4-10、图 4-11）。

进入上中阿坝宅院，几乎很难看见标准的卧室，在火塘周围和房间的角落，堆着简易的床垫和被褥，作为睡眠的空间。在许多较为原始形态住居中都能看到住居空间中的睡眠空间发展不完善。在基型之中，主室是世俗生活的中心，经堂是精神生活的中心。

4.2.2 基型原型

游牧是阿坝先民重要的生活组成，帐篷是他们在马背上就能驮走的家，内部陈设简单，但几乎包括了定居生活中所需要的居住、采暖、饮食、宗教、储存等功能。它的中心设有火塘，火塘顶部开有长条形天窗，用以采光和排放烟气。帐篷尽端供奉佛像，这个位置很少受到帐篷中活动的干扰。

在帐篷简单的空间之中，可以看到基型中最重要的两个空间：主室和经堂的最原始的状态，它们在帐篷之中布置的位置与基型之中的位置也是相同的，帐篷成为阿坝主体建筑的原型。

图 4-8 剖面图
    绘制 任胜飞

图 4-9 厕所
（哇尔玛乡铁穷村铁穷寨达嘎尚）

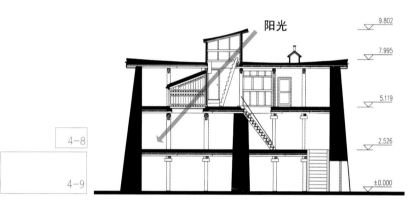

4.2.3 迷宫般的阿坝建筑

进入封闭如堡垒的建筑中，经过若干空间，当再一次见到阳光时，外来的访客陷入迷茫，所经历过的每一个空间留下一个个独立场景，却无法形成对整个建筑空间的完整认识，宛如进入迷宫之中。形成这种困惑的原因如下：

（1）开阔的自然环境与封闭的室内空间反差的强烈

这里的自然环境极其开阔，平地山冈连绵起伏，在高原蓝天白云映衬下，清爽略微稀薄的空气中，天地间尽显大尺度的粗犷。

室外阳光充足甚至刺眼，进入建筑后一下就被狭小黑暗的空间代替了。巨大的反差让人颇有些困惑。透过厚重的墙壁，光线斜着射入黑暗室内，神秘幽深（图4-12）。

图 4-10 屋顶晒台　　　图 4-11-1 屋顶晒台

图 4-11-2 屋顶晒台　　　图 4-12 光影

4-10	4-11-1
4-12	4-11-2

（2）空间结构与功能结构的叠合

常见的房屋，尤其是面积较小的住宅，各楼层间的功能存在较为密切直接的关联，各空间组织中遵循一定规律，人在各层空间中移动后能形成较为清晰的认知。但上、中阿坝藏居各层之间的功能差异极大。

在这个三层建筑中，没有一个贯穿统领各层的空间或体量。各层从空间处理和功能分配上体现出各自的独立性，各层采用两套和三套组织方式，楼层分隔对位关系不严格，纵向贯通空间存在错位关系。首先，各个房间之间的隔墙上下层没有严格对位，例如主室隔墙与上层敞厅隔墙的错位；第二，竖向上相关构件错动，例如主室天窗与三层敞厅天窗前后开间错动；第三，楼梯位置和方向变动。在初次接触该建筑时无法很快建立起各层之间的关系，因此产生认知的困难。

（3）神秘的空间内核

主室作为整个宅院世俗生活空间的中心被深藏在建筑中心，外侧被其他空间包裹。房间正中的天窗设在上层敞厅之中，光线从敞厅的天窗斜斜地射入，穿过上层空间进入主室，幽深而神秘。

（4）变化不定的交通流线

垂直交通空间在不同楼层中保持在同一位置上，可以方便联系建筑上下楼层，有助于形成对建筑内部空间秩序的把握。但这里的藏居，垂直交通在各层平面中的位置和方向上均可能发生变化，没有规律性。各层平面中的房间不对位，上下分隔墙错位布置，导致水平交通在平面中的位置也不固定。变化不定的交通流线使得在黑暗的楼内游走的访客迷惑于住宅的复杂（图4-13）。

图4-13 阿坝藏居典型剖透图
绘制 任胜飞 郦大方

05 主房空间模式

The spatial mode of the main room

　　在阿坝走访民居多了，渐渐地发现看似复杂如迷宫般的主房，我们也可以找到主房空间在布局上的异曲同工之处。下面作一简单的分类与剖析。

5.1 "基型"空间结构

　　依据基型与前厅空间关系的差异可以将当地住居分为两类空间模式：纵向进入型（简称 A 型）和水平连接型（简称 B 型）。"基型"中的核心部分是二层的"主室"和三层的经堂，根据它们与其他空间的关系对建筑类型进行进一步细分（图 5-1）。

图 5-1 A、B 型空间模式
冀媛媛

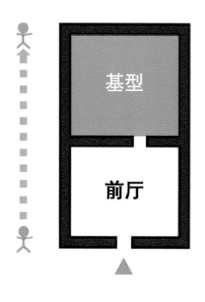

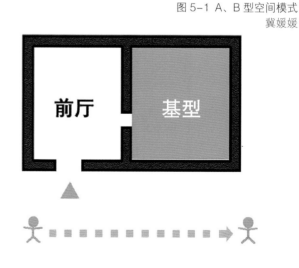

A型空间模式　　　　B型空间模式

图 5-2 A 型　　　　　　图 5-3 A1 型　　　　5-2

绘制 任胜飞 王莹　　　绘制 任胜飞 王莹　　　5-3

图 5-4 A1 变型　　　　　图 5-5 A1 变型　　　　5-4

绘制 任胜飞 王莹　　　绘制 任胜飞 王莹　　　5-5

5.1.1 纵向进入型（A 型）
—— 基型与前厅呈"日"字形

A 型前厅位于"基型"前方，构成由前向后的纵向连接关系，前后两进之间以厚重夯土墙分隔。

标准的 A 型，前厅与基型通过两者之间的分隔墙上开出的门洞直接相连接，前厅部分中间开间作为贯穿开间，两侧是附属用房和走廊，基型二层主室居中，两侧是附属用房。前厅与基型连接通常布置在主室侧开间上。三层基型分成敞厅和经堂，两个空间之间不能互相连通，而是连接前厅三层的走廊或敞厅（图 5-2）。

根据"基型"部分主室和附属房间的关系、"基型"部分和前厅的关系，可以进一步对这个类型进行细分。

（1）A1 型

基型部分布置一堵纵向夯土墙，将空间分成相对独立的左右两部分。这两部分多数各占三开间，在底层两部分直接向前厅开门。二层一间做主室，另一间在与主室的隔墙上开门，通向前厅的门设在主室一侧，可以看出依然是主室的附属房。三层主室上空一间是敞厅，隔壁一间作经堂，两间均直接对向前厅开门。A1 型还可以细分出其他一些变型

实例：龙藏乡甲窝尚（图 5-3）。

A1 型变化较多，还可以细分出其他一些变型（图 5-4、图 5-5）。

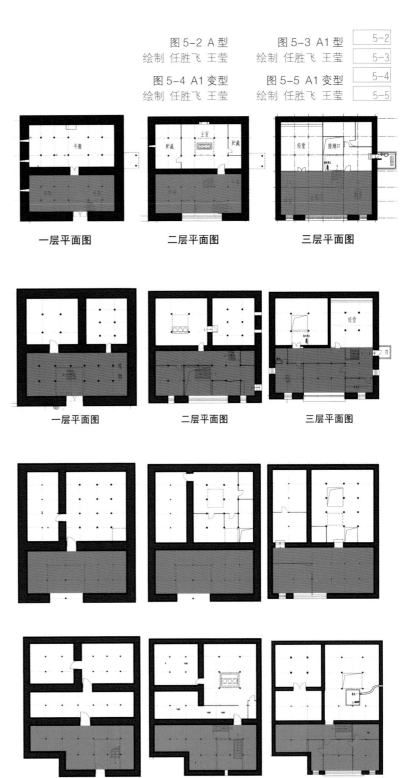

一层平面图　　　　　二层平面图　　　　　三层平面图

一层平面图　　　　　二层平面图　　　　　三层平面图

图 5-6 A2 型
绘制 任胜飞 王莹

图 5-7 A3 型
绘制 任胜飞 王莹 | 5-6 |

| 5-7 |

图 5-8 A4 型
绘制 任胜飞 王莹 | 5-8 |

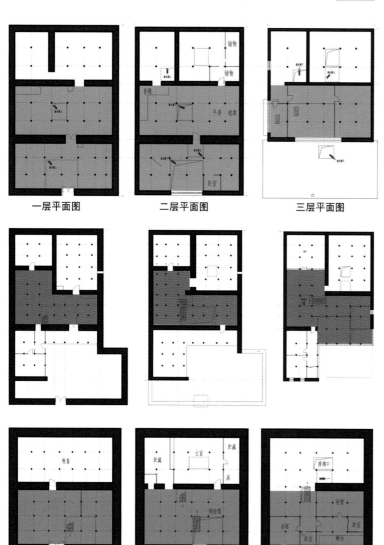

一层平面图　　　　　　二层平面图　　　　　　三层平面图

（2）A2 型

　　基型部分被一道纵向夯土墙分为左右两部分。但是左右两部分空间均直接对向前厅开门，二者属于并列关系而非主附关系。

　　实例：安斗乡华罗村四队赞木尚（图 5-6）。

（3）A3 型

　　前厅与"基型"之间横向夯土墙被打断，前厅呈 L 型楔入"基型"部分。"基型"部分两个房间被夯土墙分隔开，单独向前厅开门。

　　实例：安斗乡华罗村四队佳地尚（图 5-7）。

（4）A4 型

　　三层经堂布置在前厅上空，而非"基型"上空，前厅进深方向采用四个柱距。这种类型较为少见。

　　实例：哇尔玛乡脚末寨派尔帮尚（图 5-8）。

5.1.2 横向进入型（B 型）——基型与前厅呈"倒日"字形

B 型前厅布置在"基型"一侧，构成横向连接关系。

标准的 B 型，从院子垂直进入前厅，之后建筑内部空间组织方向调整为横向，"基型"布置在前厅水平方向另一侧。前厅一般三开间，"基型"开间 4~5 开间。二层从前厅进入，顺着横向方向进入主室，主室在纵向方向布置附属房间。经堂布置在三层前厅上空（图 5-9）。

（1）B1 型

基型部分在纵向分成上下两间，二层主室直接对向前厅开门，没有交通转换空间，附属空间位于主室下方，朝向主室开门，空间运动方向由水平转向纵向。三层经堂布置在二层主室的附属空间上空，与主室上空的敞厅用轻质隔墙分隔，夯土隔墙没有升至三层。经堂和敞厅直接对向前厅开门。

实例：各莫乡熊哇村熊哇队色苯尚（图 5-10）。

（2）B2 型

主室被安排在"基型"前方，被挤压到两个开间。

实例：哇尔玛乡铁穹村铁穹寨齐尚（图 5-11）。

（3）B3 型

在基型和前厅之外又增加一个层次空间，水平向形成三个连续空间。

实例：龙藏乡四队热窝尚（图 5-12）。

图 5-9 B 型
绘制 任胜飞 王莹

图 5-10 B1 型
绘制 任胜飞 王莹

5-9

5-10

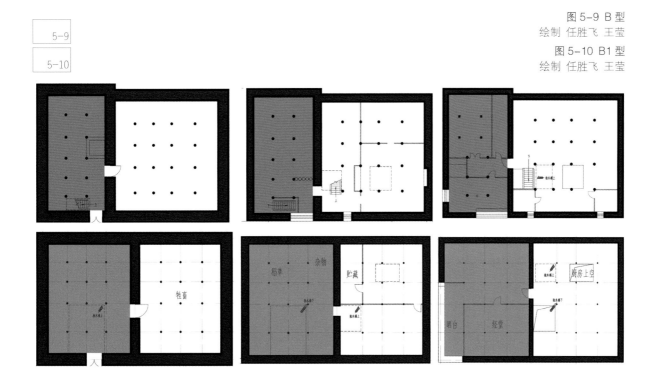

图 5-11 B2 型
绘制 任胜飞 王莹
图 5-12 B3 型
绘制 任胜飞 王莹

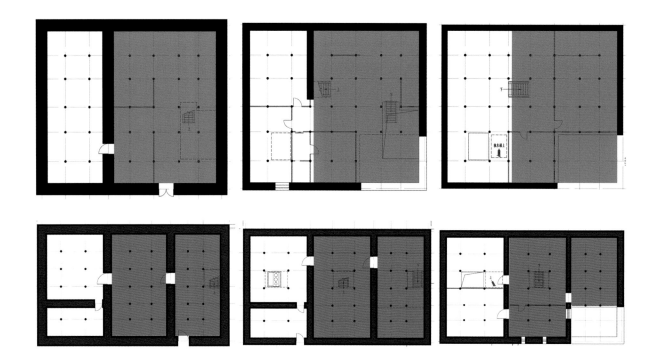

5.1.3 其他变形

前厅和"基型"还有一些变化：

首先，部分宅院前厅不完整，呈半围合或开敞；

第二，在前厅外沿着进入方向增加一个房间（部分是加建的结果），增加空间层次；

第三，部分老宅子和新建的宅子没有主室。

除了上述类型外，院落中的附属建筑和主体建筑的关系也是造成宅院空间变化的一个因素。有少量案例出现附属建筑与主体建筑直接连通，削弱了住宅空间组织中院落的联系作用和主体建筑的独立性。有的甚至将主室向外推至附属建筑位置上，附属建筑被纳入主体建筑之中，这样的做法主要出现在哇尔玛乡铁穷村铁穷寨，具有极强的地域特征。

5.2 主房内部各空间使用频率

偌大的土木碉房中，各个空间的活动频率存在很大差别。前厅部分是一个过渡空间，较少发生停留性活动，活动频率最低。在基型部分，一层空间主要用于夜间圈养牲畜，活动的频率也不高。二层主室是当地藏民的世俗生活空间核心，他们在这里会客、生活、居住，所以主室是当地藏民活动频率最高的空间。三层中的主要空间经堂，是精神生活的中心，在这个方寸空间中，藏民每天都会向神灵祷告，寄托着他们神圣的精神信仰，所以经堂是除了主室外藏民活动频率最高的空间。藏民在这些空间的活动频率说明了在主房中，不同功能的空间的重要程度，为我们进一步感知、解读藏居的内部空间布局提供了依据（图5-13）。

图 5-13 空间使用频率示意图
绘制 冀媛媛

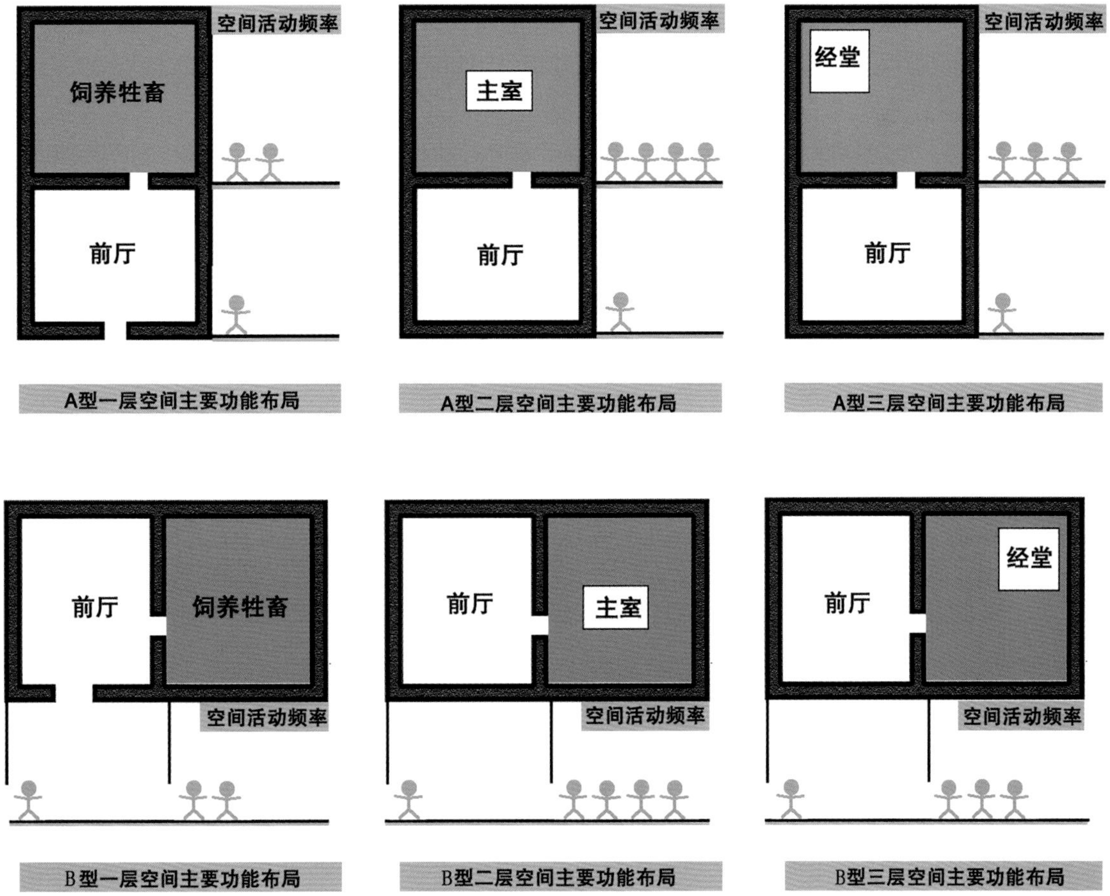

空间活动频率

饲养牲畜

前厅

A型一层空间主要功能布局

空间活动频率

主室

前厅

A型二层空间主要功能布局

空间活动频率

经堂

前厅

A型三层空间主要功能布局

前厅 | 饲养牲畜

空间活动频率

B型一层空间主要功能布局

前厅 | 主室

空间活动频率

B型二层空间主要功能布局

前厅 | 经堂

空间活动频率

B型三层空间主要功能布局

5.3 主房空间构成及模式成因

阿坝建筑空间的构成、空间类型的差异可以从当地自然、社会环境中找到根源。

民主改革前阿坝地区存在部落冲突，居民尚武，厚重的墙体构成强有力的防御外皮。世俗生活空间被置于中间层，受到严密的保护。外墙不设窗，虽然采光较差，但防御性更强。在基型外面增加的前厅增强了对其的防护。底层做牲厩，可以较好地保护牲畜安全。

阿坝藏民信仰佛教或苯教，视万物有灵，对于当地居民生活的威胁不仅仅是自然气候、敌对的部落，还有看不见的鬼怪。周边空间不仅有神灵佑护，也存在"不洁之物"[1]的侵害，宗教空间是神圣的，甚至家庭中的女性也不能随意进入，将其置于顶层而不是中心，可以减少"不好的东西"的干扰。建筑中低矮的室内门洞、陡峭的楼梯都有助于减少不洁之物的活动。在建筑周围设置的经幡、屋顶四角飘动的彩旗、玛尼堆等保护着宅院和其中的居民，使其免受伤害。

在住宅内设置厚重的夯土墙，将前厅和基型部分截然分离，从功能角度看会带来室内联系不方便，一部分住宅为了方便只好将隔墙打断。从结构角度看，住宅属于混合结构：楼板由室内的木头柱梁支撑，外围则支撑在夯土墙上，内部的隔墙虽然起到一定支撑作用，但没有也可以，其作用更多的是将前厅和基型两个空间分离。阿坝的冬宅是简化版的主体建筑，它保留了最必需的空间：房间中间布置火塘，在它上面的屋顶开出通风的小的天窗；虽然没有经堂，但在入口反方向的房间的角落布置礼佛空间；入口只有一个木门。它几乎就是一个缩减版的基型。可以推测基型是当地建筑最初的形态，前厅则可以视为建筑进化和复杂化的产物，随着对建筑功能和空间的需求增加，建筑入口部分被放大成为前厅。但是在当地居民心中有可能认为这两部分空间就属于两类差别较大的空间，不应布置在同一个体系内，因而用厚重的隔墙将其分离。即使一些新建建筑，前厅外墙开设大面积窗户，主室弱化，但中间这道隔墙仍然顽强的保持下来。

每一个宅院都是一个堡垒，抵御着外界自然的、社会的、宗教上的敌人，将前厅置于基型前方（A型）相对于将前厅布置在侧方（B型），其保护性在心理上更强。由此推测这是A型远远多于B型的原因之一。

---

1 访谈中经常能听到当地人提到"不好的东西"，它涵盖面很广，包括会带来不吉利的事、人和鬼。

5.4 空间类型与地域分布

通常一个村寨之中大部分宅院的空间类型较为接近，会有几种变型，差别不大。长期共同的生活、相同的生产生活方式、大致相同的经济水平和对房屋的意趣、同一地域的工匠造就了居住空间模式的相近。其差异的产生除了房主人个体对房屋生活需求的差异、房主人来源于不同的村寨、工匠的不同，还可能与房主人所属等级阶层有关。

我们也发现某些特殊的情况，在哇尔玛乡铁穷村铁穷寨，其中相邻的两栋宅院若尚和齐尚外形大致相同，但空间模式却可以分别划归到两种类型。两栋宅院体量均呈"L"形，围墙连接"L"两端，剩余部分成为入口院子。院子很小，周边房间对向院子敞开，一二层联系的楼梯布置院子之中。这一开敞的空间具有了前厅的性质。在若尚中，这部分空间与基型呈纵向连接，两者之间通过一个厚重的水平墙体分隔开，属于 A 型。在齐尚之中，具有前厅性质的空间与基型被纵向墙体分成水平联系的两部分，属于 B 型（图 5-14~ 图 5-17）。

图 5-14 哇尔玛乡 铁穷村 铁穷寨 齐尚 – 平面图
绘制 王莹 任胜飞
图 5-15 哇尔玛乡 铁穷村 铁穷寨 若尚 – 平面图
绘制 郦大方 任胜飞 王莹

5-16

图 5-16 哇尔玛乡铁穷村铁穷寨齐尚
图 5-17 哇尔玛乡铁穷村铁穷寨若尚

5-17

06 主房外部造型

The exterior form of the main room

6.1 主房造型特征

低低飘荡的白云下，阿坝高原上矗立着一栋栋形态各异、造型丰富的碉房。由于处于同一地域，有着同样的生活方式，类似的空间结构，这些碉房拥有相同的特征。

图 6-1 主附房体块组织（哇尔玛乡尕休村）

图 6-2 主附房的体块组织（洼尔马乡洞沟村二队）

图 6-3 独立的梯台形体块

图 6-4 墙体曲线

6.1.1 厚重、坚实、封闭的体块

主房呈梯台状，上小下大，坚实稳定。除了朝向内院的墙面，外墙不设窗洞，形成厚重封闭的外形。在高原阳光下，一个个坚实的体块深深扎根于大地之上。阿坝冬长夏短，霜冻时期长，年平均气温 3.3 摄氏度，每个月均可能有灾害天气。而且民主改革前，各部落之间的抢劫、争夺草场和村寨控制权的纠纷和械斗不断，封闭厚实的外墙构成良好的防护。

6.1.2 自由灵活（高低错落）的体块组合

　　主房与附房有多种结合方式，或加在主房入口两翼，或单侧连接主房，或一纵一横连接主房。主房通常两到三层，三层为多，附房一到两层，这样形成高低错落的体块衔接（图6-1、图6-2）。

　　有的宅院不带附房，甚至没有院墙，称独立体块。独立体块单纯的梯台形体块矗立大地之上，显得纯粹、刚劲（图6-3）。

　　主房部分经堂屋顶一般高出三层屋顶四五十厘米，通过高侧窗给室内采光，形成突出同层屋面的形体，加强了经堂的神圣性。屋面搭有倾斜的采光天窗，为二、三层室内提供光线。上屋面的独木梯搭在天窗之中。天窗和经堂的屋顶构成出挑的平屋顶上突出体量。

　　基型部分通常三层高，有的住宅前厅部分只做两层，形成退台；有的前厅的三楼做部分阳台或露台，从而造成体块组合错落有致。

6-5

图6-5 阿坝藏居的典型外观
（龙藏乡塔拉村二队霍尔盆寨华尚）

图 6-6 大门屋面曲线
（龙藏乡塔拉村二队霍尔盆寨华尚）

6.1.3 充满张力的外墙面和外轮廓线

　　与砖石砌筑的体块形建筑物不同，上、中阿坝的建筑墙体是用泥土夯筑而成，在干燥过程中，产生不均匀的收缩和沉降，形成富有弹性的外墙面和轮廓线（图 6-4）。

　　上、中阿坝宅院主体建筑以平屋顶为主，四面出檐。出檐不深，仅 50 厘米左右。檐口中部低，四角翘起，形成向内的凹曲线。正门上方檐口突出周边檐口，通过横枋和楔形飞椽将此段屋顶垫高，形成向上昂起，显得非常精神，强化出入口的重要性。整个屋面曲线饱满而充满张力，圆润了厚重体块，巧妙地完成了与蓝天之间的过渡，使封闭沉重的建筑体块获得了一分向上的轻快（图 6-5、图 6-6）。

6.1.4 极富美感的立面

阿坝土木碉房由于外墙多为夯土墙，所以为保温和防卫考虑尽量减少开大窗洞。而必须开的窗洞则很有分寸和讲究。其窗洞大小位置既考虑了对应的房间功能需求，又尽可能形成变化有序的外在形式。可以说在经意与不经意间体现了完美建筑立面形式的几大真谛。

（1）虚实相生

主房被厚重的外墙围合成封闭的体量，朝向内院一侧则开设门窗洞口，窗洞大小不一，三层窗洞较大，有的做成转角窗。也有宅院朝向内院的外墙开出两层高的大洞，前厅成为半室外的敞厅。外部的大面积的实墙与对向内院虚空的洞口形成大反差的对比，从外部看造型以体块为特征，从内院看具有片墙的特征（图6-17）。

（2）非对称性

空间A型的主房入口大门大部分布置在中间开间，大门上方布置高侧窗，面向内院的立面门窗洞口大致呈现对称布置。但是阿坝居民并不在意对称性，两侧窗户布置并不严格。从整体造型看，经堂屋顶高出其他屋面成为最高的体量，它布置在中轴侧后方，使得整体体型上呈现不对称。B型的则完全呈现不对称格局（图6-9～6-12）。

（3）极简性与丰富性对比

主房外侧几乎不设窗洞，除了部分建筑在三楼设有架空厕所外，外侧三面只有平整的实墙面。朝向内院一侧外墙窗洞大小不一，在不少案例中可以看见窗洞面积较小，实墙面积较大。整个建筑立面呈现极简性。在另一些村寨中，朝向内院的墙体被替换成木板隔墙，木板在窗户、窗台都使用不同排布方式，窗户两侧做装饰，与实墙形成强烈对比（图6-13、图6-14）。

6.1.5 细腻的表面处理

夯土而成的墙体会留下模板的印痕，上、中阿坝的宅院每年入冬后会在夯土墙外用混合了草茬的泥土涂抹，以保护墙体。抹上的泥土干后在墙体上形成光洁细腻的表面（图6-7）。

6.1.6 丰富的木装饰细节

主房造型整体较为简洁，在不同体型或材料交接处则有丰富的细节，形成两者之间微妙的过渡。墙顶伸出的梁枋构成屋顶与墙体之间过渡，屋顶在檐口比较厚实，水平线条感强烈，同样的水平状的出挑的梁枋等间隔排列，较之显得纤细和空巧，使得水平的屋顶与垂直墙体衔接不再显得生硬。在窗洞口上均有出檐，出檐较浅，遮风避雨的功能有限。其更大的作用在于通过水平的檐版和密布的椽子强调出平整墙面上开出的窗洞口（图6-8）。

图 6-7 外墙抹面

图 6-8 檐部及窗洞上檐（龙藏乡塔拉村二队霍尔盆寨华尚）

6.2 主房内外互动关联

对于初次来到阿坝的行者，这里的宅院造型丰富多样，似乎无一定之规。随着研究的深入，透过内部空间模式可以发现这些不同造型之间的关系。

上、中阿坝建筑的内部空间和外部形态之间存在相互的影响和制约，二者关系复杂。主体房的两种不同的空间模式投影到主房的外部形态上各自呈现出不同的特点。通过主房外部的特点，可以大致猜测出主房的内部空间模式。

6.2.1 A 型

（1）基型空间与前厅进深关系——主房正立面窄，空间纵向展开

在主房为 A 型中，基型空间与前厅空间是沿前后进深排列，面阔 5~7 间，进深 7~9 间。建筑空间上的纵向展开使得主房的侧立面与正立面相等或长两间。主房呈正方形或纵向长矩形，是识别 A 型内部空间形式的重要依

据。现在阿坝当地的一些房屋在改造扩建中，扩展了前厅的进深空间，使得侧立面与正立面之比 ≥ 1 的特点更加明显（图 5-2、图 5-9）。

（2）主房正立面大致对称——前厅内部空间对称

在 A 型主房内部空间序列中，前面部分为前厅空间。前厅空间入口处一、二层往往是个贯穿空间，位于前厅中部，贯穿空间的两侧空间呈对称式布局。其正立面形式的处理顺应内部空间组织方式，基本呈对称布置：大门布置在中部，但并不严格在中轴线上，一般在大门上方开设高窗。三层如果没有退台，窗户通常也呈对称布局（图 6-9、6-10）。

图 6-9 基本呈对称格局的 A 型立面构成（哈尼尚）
绘制 任胜飞

图 6-10 基本呈对称格局的 A 型立面构成实例（铁穷村四组扎果尚）

图 6-11 呈不对称格局的 B 型立面测绘图（雷哈尚）
绘制 任胜飞

图 6-12 呈不对称格局的 B 型立面构成实例（雷哈尚）

| 6-9 | 6-10 |
| 6-11 | 6-12 |

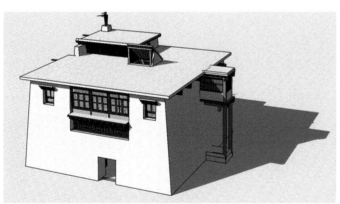

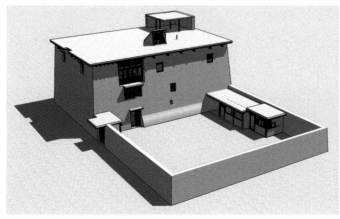

6.2.2 B 型

（1）基型空间与前厅并列关系——主体建筑正立面宽，空间横向展开

    B 型空间模式基型与前厅水平相连，基型布置在前厅水平方向一侧，两个空间呈并列关系。B 型模式通常前厅面阔 3 间，基型面阔 4~5 间，而进深仅为 4 间，所以一般情况下其正立面相对于 A 型要宽很多，正立面与侧立面比 >1，呈横向长矩形。

（2）基型空间与前厅并列关系——主体建筑正立面不对称

    横向连接的前厅和基型使得建筑正立面上不对称。主房入口大门布置在前厅一侧，上部开有高窗采光，三层在高窗对应的位置开窗。而在基型那一部分，一般情况下很少开设窗洞，如果开窗也只是开设小窗。基型部分二层空间核心设置主室，为了安全，主室采用天窗采光，不在外墙开设窗洞（图 6-11、图 6-12）。

图 6-13 A 型变形（派尔帮尚）

6.3 主房造型变化

主房造型变化主要集中在面向院子的这个面上，其他几个面变化较少。

6.3.1 A 型

（1）三层后退布置露台

三层全部或部分后退做露台。露台的出现扰动了单一体量的封闭性，在正立面中出现了片墙的因素，尤其是部分退台，加强了立面的不对称性。

实例：哇尔玛乡脚末村派尔帮尚（图 6-13）

（2）三层局部做转角窗

朝向院落的面三层一侧布置木板墙窗，窗户做转角，打破侧墙的封闭。

实例：各莫乡俄休村麦穷队某宅、安斗乡派克村一队瓦雅尚（图 6-14、图 6-15）

（3）前厅墙面不封闭

前厅正面墙不完全封闭，开出两层高的巨大洞口，形成强烈的虚实对比。这种做法主要出现在甲尔多乡正达村。

实例：甲尔多乡正达村刚昆玛寨昂修尚（图 6-16）。

（4）主房与附房连接

主房与附房连接成"L"形，朝向院子的墙面用木板墙窗封闭，整个造型以夯土实墙围合成连续厚重外表皮，对着内院的凹角面则使用轻快的木板墙窗，构成鲜明对比。

实例：安斗乡华罗四队佳地尚（图 6-17）

6.3.2 B 型

（1）退台加转角窗

三层出现退台，一般处理在前厅的三层部分。通常三层部分还会设置转角窗。

实例：各莫乡熊哇村熊哇队色苯尚（图 6-18）

（2）三部分体量连接

B3 型由三部分空间水平连接而成，其面阔较普通的 B 型宽。外墙一般做连续整体，在屋顶部分有的分成三部分处理，也有在入口体量三层做退台。

实例：龙藏乡四队热窝尚（图 6-19、6-20）

6-14

6-15

图 6-14 各莫乡俄休村麦穷队某宅
图 6-15 A 型变形（安斗乡派克村一队瓦雅尚）

6-16	6-17
6-18	6-19
	6-20

图 6-16 A 型变形（甲尔多乡正达村
刚昆玛寨 昂修尚）

图 6-17 A 型变形（安斗乡华罗四队
佳地尚）

图 6-18 B 型变形（色苯尚）

图 6-19 B 型变形（龙藏乡四队热窝尚）

图 6-20 B 型变形（龙藏乡四队热窝尚）

07 主房的发展
The development of the main room

随着生活方式、经济条件的改变，外来文化的影响，上、中阿坝外部造型、内部功能与空间宅院也在逐步发生变化。

7.1 内部功能与空间的发展

随着生活越来越安定，原有的阴暗、隐蔽的主室已经不能满足生活需要，他们开始重视自己居住的空间，希望有一个更加舒适、明亮的居住环境，基型部分的一些功能开始弱化，部分家庭放弃了主室，或者仅仅将主室作为礼仪性空间，在三层的前厅空间中增加了新的具有起居室性质的空间，这个空间不但包含了原有的主室的功能，同时可以获得更好地采光。

图 7-1 新建藏居三楼——已经带有起居室的功能（哇尔玛乡尕休村又尚）

图 7-2 将平屋顶改成坡屋顶的新藏居（唐卡尚）

图 7-3 具有更大外窗的新建藏居（哇尔玛乡铁穷村铁穷寨哇尔玛尚）

有一些藏民还在三层空间中增加了晒台，可以更好地获得采光，这些内部空间的新变化，使得村民的活动空间由二、三层集中到了三层空间中，三层成为了村民新的物质生活与精神生活活动的主要空间。随着对于睡眠环境和私密性重视的程度的提高，部分建筑中出现了专门的卧室。室内楼梯，尤其是一二层联系楼梯坡度减缓，新建宅院只要经济条件许可已经不再使用独木梯（图 7-1）。

7.2 外部造型的发展

建筑造型的变化一方面源于建筑功能和空间的变化，一方面受到外来文化，尤其是建筑形式的影响。

新建的建筑普遍增大了窗洞面积，窗洞用玻璃替换掉原来的木板墙，以增加房间内部采光。部分宅院三层增加露台。

一些新建宅院开始使用坡屋顶，屋顶覆瓦。它的外形模仿歇山屋顶，内部采用桁架结构。坡顶在当地一般出现在寺院等比较重要的建筑，或汉地建筑之中，我们分析可能是对坡顶所代表的庄重性或外来发达地区的向往（图 7-2、图 7-3）。

08

信仰的托生之躯
Bodies of faith in dwellings

　　阿坝藏民的生活既简单又充实，除了按部就班的日常放牧、耕作外，就是他们顶礼膜拜的信仰生活。走进阿坝的住居，你会发现原来这里无处不弥漫着宗教的神秘力量，信仰在转动，信仰在飘扬，信仰在一次次的叩首中得到寄托与颂扬。信仰仿佛是一块巨石，在平静的湖面上激起层层涟漪，波及心灵的每一个角落。当一个民族将信仰融入到生活点滴，在这片土地上感受到的不仅是信仰的力量，还有一个民族千百年来在严酷的自然环境下生存繁衍中的自我救赎。入夜，星垂四野，札木聂在藏民老阿爸的指间拨弄着。琴声悠悠，在阿曲河谷中回转流传，浅吟低唱着这里千年的兴衰变迁，离乱的悲苦与盛世的繁华，美丽的山川与幸福的家园。

8.1 经幡——在心灵空间挂上经幡，让生活充满阳光

　　院落的门口，五彩的经幡衬着蔚蓝的天空飘扬在稀薄的空气中，像一面面展现人类生命力的旗帜，俯瞰这辽阔的土地。经幡由一根原木作中轴，插在院落门口，当地藏民称其为玛尼旗旗[1]，在阿坝地区随处可见。关于经幡的起源，有两种不同的说法：一种是经幡起源于原始的祭祀文化中对动物魂灵的崇拜，最初只是将动物的毛发挂于树枝，后来演变成经幡；另一种是经幡的前身是军械长矛，在历史上的战乱年代大部分的藏民都在家门口立有长矛，最初只在门前表示武装力量的威慑，随着历史的变迁，经幡从长矛变成具有浓厚佛教色彩的祈求福运的象征物。这两种不同的说法代表了在不同的历史年代，藏民对于经幡所赋予的不同的祈求。在最艰难的茹毛饮血的原始时期，在纷争不断的战乱年代，经幡成为了他们的一种信仰、一种追求、一种坚守，是藏民发自内心的敬畏天地、祈求幸福的

---

1 调研时不同的人对经幡的说法不同，有人认为经幡和玛尼旗旗并不相同，有人认为二者是相同的。

图 8-1 经幡（甲尔多乡正达村二队泽昂尚）

图 8-2-1 经幡（甲尔多乡正达村外日尚）

图腾。所以不管是哪一种起源，经幡都已像一位饱经沧桑的老者，在历史的长河中以一种凝视的姿势，深情地注视着每一段从它身下走过的历史，见证了藏民的繁衍与昌盛。现在有的藏民在院落中也会挂起经幡，一条条色彩斑斓的经幡在院落中织成了一面屋顶，在阳光的照射下，经幡的缝隙中洒下日光的摇曳的光影，让进入到这个院落的人们在瞬间就已肃然起敬（图 8-1、图 8-2）。

经幡上面一般印有六字真言。"六字真言"是观世音为使众生脱离六道轮回所发的心咒，就是"唵嘛呢叭咪吽"这六个字，汉文读音是唵（an）嘛（ma）呢（ni）叭（ba）

图 8-2-2 经幡（甲尔多乡正达村外日尚）

咪 (mi) 吽 (hong)，有藏学专家把它译为"啊！愿我功德圆满，与佛融合！"藏传佛教的典史中，将这六字看成是一切经典的根源，是指点人们脱离苦海、解脱生死轮回最简单易行的方法。如果循环往复的不断诵念，就能消灾积德，使众生从痛苦中解脱，功德圆满而成佛。历史上普通民众不识字，但是将六字真言印在经幡上，风儿替藏民将真言歌颂，经幡随风每飘扬一圈，就代表藏民念了一圈经，信仰在飘扬中得到诵读。

经幡的种类很多，有的布置在村寨外围，有的则布置宅院之前，划定出宅院的虚空间。

8.2 转经筒——驱走心魔，坚守内心的平静

　　走进主房中，吱吱扭扭的木轮声传入耳畔，仰头望去，主房前厅中的二层空间处一排转经筒依次转动，划出一条条美丽炫目的线条。转经筒是藏民生活中最不可缺少的一种承载信仰的器物，又被称为玛尼经筒。

　　世界上的各种宗教都有自己的教义和经文，信徒通过诵读教义和经文时理解宗教的精神，坚守信仰，祈祷神灵的护佑。针对很多的藏民不识字，应运而生了"转经筒"。转经筒一般分为两类：一种是手摇式的，另一种是固定在轮架上。经筒外多用布、绸缎和牛羊皮包裹，也有的用铜制成，经筒表面记有六字真言，其中贮满藏传佛教经典。与经幡一样，转经筒转动一圈，如同将筒内所藏经文诵读一遍，可积功德。藏传佛教，转经筒按照顺时针转动，称为吉祥转。苯教则按照逆时针方向转动。

　　经济条件好一些的藏民家会在前厅二层走廊安放一排转经筒。通常信仰藏传佛教的家庭楼梯布置在左侧，进入主室的门或再上一层的楼梯布置在右侧，这样藏民平时在回屋时都会顺时针推动转经筒，而苯教家庭则可能相反（图8-3、图8-4）。

图 8-3 阿坝藏居二楼走廊上的转经筒
（哇尔玛乡铁穷村铁穷寨达嘎尚）

手摇式的转经筒几乎人人手中都有。老人们有的坐在窗边的木椅上，有的坐在自家的院落旁，右手拿着转着经筒，左手拿着佛珠，嘴里在默默叨念着，笑容长久留驻于他们平静祥和的面部。有一首藏族的歌曲唱到："一部旋转的经书，上面镌刻着日月星辰；一个旋转的中心，上而轮回着春夏秋冬⋯⋯"在转经筒转动的这一刻，藏在转经筒里的典藏和经文，以文字的形式换成了对于浮华中众生心灵的呼唤，吱吱的转轴声驱走了内心所有的烦躁，将他们融化进了安静的神灵世界中（图 8-5、图 8-6）。

图 8-4 阿坝藏居二楼走廊上的转经筒

图 8-5 屋角的转经筒（甲尔多乡正达村二队泽昂尚）

图 8-6 家门前手持转经筒的老人

8.3 经堂——心灵的居所

循梯而上，在每一户藏民家中的顶层，高窗中寻隙探入的日光照耀着幽静的房间，温暖流动在布幔周围，这里就是藏民的经堂。经堂是藏民家最神圣的空间。藏民每天都要到经堂里烧香，让经堂中的酥油灯长期保持光亮，以祈求家人平安。

8.3.1 经堂布局

藏民认为经堂中供奉着他们信仰的神灵，不能受到外界喧哗和争吵的影响，避免不洁之物侵扰，所以专门供奉神佛的经堂一般在顶层后端一侧，或二层后部，宽大华丽，庄严整洁。

经堂一般为 16 根柱子围合而成，3×3 开间，形成九宫格。居中四根柱子所在空间是僧人做法事的场地，侧高窗布置在朝向院子的方向外墙上，与其相对的墙面布置佛龛、摆放经卷的抽匣和供桌。这是经堂中最神圣的空间，由此形成控制这个房间的主轴。有的在经堂门口布置高出地面 30 厘米的塌，作为僧人念经的空间。

藏民除了经常到寺庙进行宗教活动外，家中的佛事必不可少。具有一定经济实力的家庭，为了消灾祈福、确保一年平安，在农闲时会延请僧人到家里念经做法事；在遇到亲人过世时，要按佛教规程为死者做超度法事。聘请僧人的人数和天数视法事内容和经济情况而定，大多数家庭是请三四名喇嘛集中在家里念三天经。

8.3.2 经堂中的家具和装饰

走进经堂中，屋内雕梁画栋，壁画纷彩，供桌上酥油灯的火焰跳跃着。很多藏民穷其一生的积蓄，用来打造这间承载其信仰的心灵的居所。在经堂迎面的墙体上一般安装有木质佛龛，佛龛摆放佛像、祖上传下来的法器和高僧居留后留下的吉祥信物。佛龛的布局十分工整，采用对称的手法，左右的比例十分精确。佛龛的色彩艳丽，油漆彩画，现在主要用朱红、金色较多，画法浓烈绚丽，彰显出佛龛的金碧辉煌。其上宗教题材的图案是所有家具中最为精致的，采用透雕的手法。佛龛顶上一般绘有龙纹，龙属水，家具属木，在易经五行中水克火，所以龙形纹的装饰寓意可以保木防火。在佛龛中间用于摆放佛像的位置一般做有尖拱形券口式的透雕装饰，使得佛像在整个佛龛中显得熠熠生辉。佛龛下部分为壁柜，有的比较富裕的藏民家庭将两侧墙面也装饰以壁橱，贮放经卷等。壁柜在装饰雕刻上没有佛龛精细，但是也会刻有与宗教题材有关的装饰图案（图 8-7、图 8-8）。

8-7

8-8

图 8-7 经堂 1（龙藏乡龙藏村四队热窝尚）

图 8-8 经堂 2（勒么家）

图 8-9 唐卡（甲尔多乡正
达村一队扎玛尚）

　　经堂墙壁和柱身上挂有唐卡（Thang-ga）。它也叫唐嘎、唐喀、系藏文音译，是指用彩缎装裱后悬挂供奉的宗教卷轴画。唐卡是藏族文化中一种独具特色的绘画艺术形式，题材内容涉及藏族的历史、政治、文化和社会生活等诸多领域，堪称藏民族的百科全书。它们像一张张在历史的流年中保留下来的图片，用抽象的描画、生动的色彩记录了藏族民众的生活、文化的点点滴滴（图8-9）。

　　经堂中柱子的柱身、柱头、梁、檐、椽是装修的重点，重点部分施以木雕或者沥粉贴金的彩绘处理，四面墙壁上也绘有装饰图案。

　　虽然有一些家庭经堂并不绚丽夺目，有的可能看上去甚至觉得简陋，但是即使这样，他们的经堂也一定是整个居所中装饰最好的地方。藏居经堂中的信仰不会因为经堂的简朴而打折，在这方寸空间中，所有的虔诚在经堂这个信仰的载体脱去物质的外衣时，都有着同质的百分百的相似。木板上深深的烙印，低身潜伏的背影，双手合十，从头顶到额，从额到心的膜拜，信仰迸发出的力量感染着每一个来到这里的人（图8-10）。

图8-10 经堂（哇尔玛乡铁穷村铁穷寨若尚）

8.4 箭堆

　　宅院屋顶的角落布置一个小型的箭堆，上面挂有经幡。箭堆的位置并不确定，但是当我们站在箭堆前，顺着箭堆的方向眺望，就会看到守护村寨的神山上的"拉布择"。屋顶上的箭堆就像一个小的拉布择一样，布置在藏民的家中，朝着拉布择的方向致敬，沾染上神山的气息，保佑着藏民家中风调雨顺（图 8-11）。

　　在藏民家中，我们看到了信仰贯穿他们生活的始终，他们相信佛祖会普度众生，相信对神祇的虔诚可以让自己和家人避免厄运，相信生命能够轮回，所以从大门入口的玛尼旗——宅院旁的查康——二层的转经筒——三层的经堂——屋顶的箭堆，这些信仰的载体，呈现在藏民生活的各个角落，寄托了藏民对于佛祖的虔诚与幸福的祈愿，对于神祇的信仰和对美好愿望的不懈追求。

图 8-11 屋角的箭堆（龙藏乡霍尔盆寨华尚）

09 藏居建筑技术[1]
The construction of Tibetan dwellings

上、中阿坝藏居经过长期发展，已形成一套成熟的建造技术，使其充分适应当地的自然环境和社会经济文化环境。

9.1 主房选址

阿坝藏房在修建之前，需请活佛勘地，确定方向。通常取坐北朝南或坐西向东，以保证较为充足的日照环境。我们请当地寺院的班玛仁清活佛讲解了他为一栋宅院选址的过程：基地位于坡地上青稞中，周边地势较缓，距离其他宅院较远。西北面山体较陡，东面一条高岗斜向南面。正对的山体和高岗之上均有呈鸡、猴等动物形状的山石或图案，是吉祥之地。下一步再进行卜卦，最后选此地建宅（图9-1）。

图 9-1 选地

---

1 本节资料主要来自于我们对当地工匠访谈，特别是勒么老人的讲述，以及叶启燊先生的《四川藏族住宅》（四川民族出版社，1992）

9.2 建造流程

建筑的大小常以柱头数来进行计量，柱间距一定，柱头越多房子规模就越大，一般有 100、80、60、36、30、25、20、16、10 个柱头，36 个柱头较为常见。

建筑施工采用全民互助的方式，施工中无图纸，全靠当地工匠及藏民长年积累的工艺及经验。通常建设周期为 5~6 年，夯筑土墙需时 3 年，一年夯筑一层（通常为 3 层），室内工程较为繁杂，需时 2~3 年。

建房流程：

选址	活佛从备选地中进行勘地选址，确定朝向方位
放线	以顶层内墙线为标准，用草绳放线，投影地面墙体和柱头位置，并注以标记
夯土墙	先夯筑外墙，再夯筑内墙
分层建设	根据标记排柱，铺设分层楼地面，上门窗，直至屋顶层

9.3 建筑技术

阿坝藏居以夯土墙形成筒状结构，作为围护和稳定结构，内部砌筑一道墙体加强稳定。室内通过木柱承托木梁，其上布置楼板。木柱分层对位布置。室内通过木板墙进行空间分隔。

9.3.1 夯土墙（图 9-2）

（1）夯土墙做法

夯筑墙体之前，无需挖基础，铲去地面浮土平整地面即可，然后下墙基。墙基以石块垒砌而成，石块间的缝隙以黄土填实，墙基通常高半米左右，同时在墙基四周以黄土找坡，形成散水。通过以上做法，再加上选址时整体地形具有一定的排水坡度（坡地环境），基本上可以保证雨季墙基不受地面积水的侵蚀破坏（图 9-3）。

墙基施工完成后，便可在其上夯筑土墙。

土墙取当地黄土，混以麦茬进行夯筑，夯土和麦茬的混合比例通常为 10：1，夯土过多麦茬过少，黄土间拉接性较差，容易剥落，夯土过少麦茬过多，则强度较弱，容易垮塌。用黄土夯筑墙体的时候通常不加水，而直接将干燥的黄土夯实即可，如果

图 9-2 夯土墙遗迹
图 9-3 墙体基础施工

9-2

9-3

夯筑所用黄土过于干燥易散碎，则于 5~6 天前上水，确保均匀。

　　墙体在夯筑过程中，采用加厚墙体和收分墙体的方法来提高墙体的整体稳定性。通常外墙呈直角梯形收分，下宽上窄，通常底部墙厚 900~1 200 毫米，顶部墙厚通常在 400~600 毫米，墙高通常在 8 米左右（三层高度），收分角度 4°～6°，外墙收分倾斜面在外，更加稳固，内墙面基本保持垂直，便于室内使用（图 9-4）。当建筑规模较大时，为避免柱网体系过大而导致不稳定，内部通常还会加筑一道内分隔墙，分隔墙将室内柱网体系一分为二，压缩了单个柱网体系规模，保证了其稳定性。施工时先打外墙，再打内分隔墙，连接处无特殊连接处理，夯实无缝隙即可。

图 9-4 夯土墙透视图
绘制 任胜飞

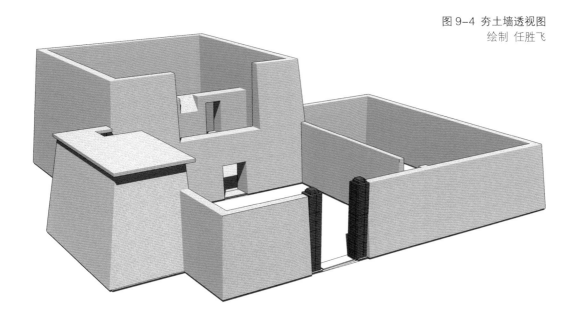

　　夯筑时，置墙板于内外两侧，以便夯筑成形。墙板宽约 350 毫米，厚 40~100 毫米，长度根据需要有 7 000 毫米、5 000 毫米、3 000 毫米、2 000 毫米等不同规格。墙板通常侧面倾斜，一层一层叠起来，模版间缝隙用草片、麻片等填实，在最下层加楔子固定。模版因长年使用，楔面部分磨损严重，一般包有铁皮（图 9-5）。夯筑时所用木杵（图 9-6）长约 2 000 毫米，两端呈纺锤形，双手紧握木杵中部纤细处，提起落下，反复数次以至夯实。夯筑时采用层层夯筑的方式，筑好一层再筑一层，每层厚约 80~100 毫米，约三四层为一板，筑好一板，向前移筑或向上移筑第二板。

图 9-5 夯土模板
摄影 任胜飞

图 9-6 夯土工具

| 9-5 | 9-6 |

图 9-7 规则夯土墙体
图 9-8 不规则夯土墙体

夯土墙夯筑过程中，工匠以经验和肉眼判断墙位和平直，做法不讲究标准与精确（图 9-7、图 9-8）。

土墙夯筑完成后，用青稞糠与稀泥混合抹墙，可填补夯筑过程中留下的缝隙，同时可使墙体整体平滑，并具有防水功能，防止墙体被雨水侵蚀。通常每隔三年需用此方法修补一次。

（2）夯土墙附加构件做法

① 采光通风口

在夯筑墙体时，用麻绳将木棍缠成喇叭状，平置于土墙中，细部朝外，等土墙打好后，用锤子击打木棍，使其连同绳子一起从土墙中脱落，便形成了一个外小内大的内外连通的通风口（也称藏兵洞，在战乱时具有侦查瞭望、架枪防御的用途），看似随机在墙体上存在的若干个通风口，每个通风口都呈内大外小喇叭状，在采光上有其独特的效果（图 9-9）。

② 拴牛桩

打墙时预埋木棍，并在木棍上系绳，等墙打好后，依绳寻找木棍位置，挖洞，露出部分木棍，作为拴牛桩，低的拴牛，高的拴马（图 9-10）。

③ 门闩

打墙至 3~4 块模版高时，在土墙中预埋木箱，开槽，约 1.6 米长，用于放门闩（图 9-11）。

④ 壁柜

藏民对墙体的巧妙利用更多体现在壁柜的处理上。有些壁柜是在夯筑墙体之前用木构件预埋，后进行木工（图 9-12）。

图 9-9 墙体洞口

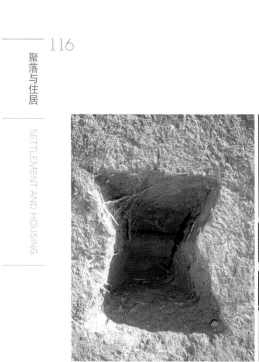

图9-10 拴牛孔　摄影 任胜飞

图9-11 门闩　摄影 任胜飞

图9-12 壁柜　摄影 任胜飞

9-10

9-11

9-12

9.3.2 柱梁系统

（1）柱梁体系

　　上、中阿坝的藏居，厚重与围合的墙体起到稳固作用，避免柱网体系在水平方向发生变形与偏移，从而保证了整个竖向承重体系在横向上的稳定（图9-13、图9-14）。

　　柱础以石块铺设，柱上托梁，梁上铺密椽，椽上铺木板或树皮，树皮上铺芽芽菜以防水，最后铺10厘米黄土并压实。上、下层柱子对齐，一般不使用通柱。为保证上下层支撑柱垂直对齐且放置平稳，通常在下层梁上置以垫木，然后直接将上层柱子放置于垫木之上（图9-15）。

图 9-13 藏居的梁柱体系
绘制 任胜飞
图 9-14 藏居内外结构体系
绘制 任胜飞

9-13
9-14

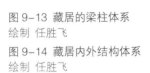 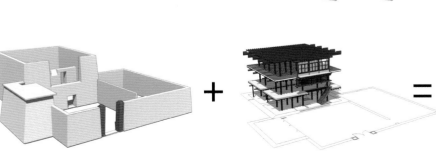 

（2）梁柱搭接方式

常见的梁柱搭接方式有四种：

① 柱 + 托木 + 错梁方式

当地人称"毛柱头"，各部分直接搭接，不用钉和榫卯，这种梁柱关系常用于建筑内牲畜空间、储藏空间等。毛柱头美观度差，但施工工艺简单，且便于修缮（ 图 9-16 ）。

② 柱 + 梁 + 枋

常用于主室，部分经堂也采用这种方式。梁承接上部荷载，枋拉结柱子，形成稳定结构。大梁尺寸6.5寸 ×7寸,枋切面尺寸:3.5寸 ×4寸。这种搭接方式较为美观，梁柱间有榫卯连接，制作工艺较为复杂，同时对木材质量要求较高（ 图 9-17 ）。

9-15

9-16

图 9-15 柱顶、柱脚及楼地面构造做法
绘制 任胜飞
图 9-16 梁柱搭接

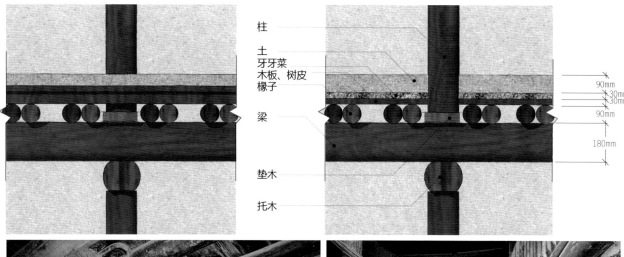

柱
土
牙牙菜
木板、树皮
椽子
梁
垫木
托木

90mm
30mm
30mm
90mm
180mm

③ 柱 + 梁

常用于建筑顶层空间及院落配房。较为美观，但稳定性较弱，无钉或榫卯连接（图9-18）。

④ 柱 + 梁 + 雀替

通常见于经堂，采用榫卯连接的方式搭接，柱、梁、雀替通常都要上彩，绘制藏传佛教的传统图案,部分藏民家还会采用浮雕、立体雕,然后上彩,规格较高(图 9-19)。

（3）柱梁做法

藏民居层高通常较低，一般在 2.6 米左右，室内净高在 2.3 米左右（地面至椽顶部高度），顶层相对较高。层高较低出于两方面因素，一方面是节省成本，另一方面层高较低则空间体积较小，保温节能性能较好，有利于寒冷季节时保持室内温度。

图 9-17 梁柱搭接

图 9-18 梁柱搭接 3 (安斗乡华洛大队甲底寨甲底尚)
图 9-19 柱头雀替

9-18

9-19

　　柱高度一般在 2 米左右，只有在前厅贯穿空间中使用两层通高的长柱（图 9-20）。柱间距一般在 1 500~3 000 毫米之间；柱直径一般在 100~350 毫米之间不等，常见的柱直径在 160 毫米左右。通常，经堂用方柱，主室用外观、质地较好的圆木，这两个房间的柱通常比一般房间的粗。

　　托木上下各被削平一部分的圆木，置于柱之上，长度一般为柱直径的 3 倍，上托错梁。

　　梁一般长度为 2 000~3 000 毫米，即大于一个柱网开间，常采用错位搭接或直线对接。直径在 100~300 毫米之间，常见的在 150 毫米左右。

　　椽用细圆木或粗树枝做成，一般长度为 2 000~ 2 500 毫米，直径不等，通常在 100 毫米左右。

　　一般说来，木梁沿平面的纵向布置，椽木沿横向铺设在梁与梁之间或梁与墙之间。这样，纵墙上不会有集中荷载，便于门窗的开设。从个别房间来说，经堂以及主室这两个藏式建筑中最为重要的两个房间，通常梁沿房间平面的纵向布置，椽木沿横向布置，但通常这两个房间并不开窗（图 9-21）。

　　建筑所用木材一般可在上、中阿坝直接取材，但较大的木材，如寺和官寨的木头，只能在下阿坝取，阿坝树木生长期短，冬季（10 月至次年 3 月）树木不生长，阿坝人一般在这个时间砍树，砍树时树木水分充足，为了降低运输成本，一般将木材竖立放置晾晒一个干季，待水分蒸发差不多的时候，再用牛车拉运。

图 9-20 通柱

9.3.3 楼层

密椽之上就是楼层面的铺设。首先铺以木板、树皮或树枝等；中间层置青稞秆、芽芽菜等，可以起到隔水、防潮的作用；最后以黄土夯实为地面。这三层加起来的厚度通常在 250 毫米左右（图 9-22）。

9.3.4 楼梯

主房中的楼梯主要有两种，一种是独木梯，一种是木质直跑楼梯。

独木梯是当地居民最常见的一种（藏语：sigi），做法简单，取一长圆木材进行简单的削切即可，造价低廉（图 9-23 ~ 图 9-25）。

图 9-21 主室梁椽布置
绘制 任胜飞

图 9-22 楼梯剖面
绘制 任胜飞

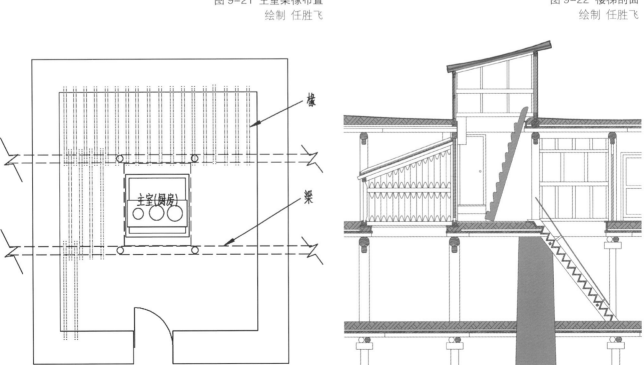

图 9-23 独木梯

藏语 jiashegi,jia 即 "汉" 的意思,全意 "汉梯"。楼梯一般踏步数为 13 或 15,踏步窄,踢板高,梯面斜度较大,45° 左右,成人只能侧身上下楼梯。楼梯一般在一个柱网开间内,即控制在大约 2 000 毫米 ×2 000 毫米这样的一个范围内。

在当地部分民居也采用了铁制楼梯,形态与木制直跑楼梯相差不大,只是材料上发生了变化。

图 9-24 独木梯
（甲尔多乡正达村一队正达寨外日尚）

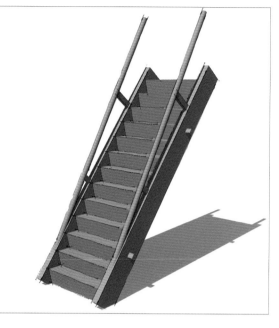

图 9-25 木质直跑梯
绘制 任胜飞

9.3.5 经堂

经堂位于最高层，其空间通常高出屋顶 1 米左右，以示神圣，并在正面高出部分开天窗采光。经堂小木作，请雕匠、画工搭架子制作，雕刻是系统工程。宗教要求规矩，所以部件必须符合规定的比例，按菩萨经书摆布来设计经堂。经验丰富的匠人可不问僧人，直接雕刻。

经堂一般比其他房间用材量大，且用料较好，通常用方柱，梁也较粗，再加上雕刻，结构自重大，柱等一系列构件用材大，因此一般先结构，再测量、雕刻，再钉上，过去用木钉，现用铁钉，最后画工。

经堂雕刻均有 1:1 的标准化手工预制模型，如梁上雕刻的模型名 yirang，下方阙模型名 yitong。涂料采用尼泊尔进口涂料，或当自行调配的地矿物涂料，用矿石打碎磨好，筛出用最细的，涂料的原料：zheerduo、黄泥、牛角，zheerduo 名鬼石头，类似泥巴。

9.3.6 门窗及部分家具

门梁、门柱和枕木榫接并埋入墙体,构成门的基本形式(图9-26-1~图9-27)。

9.3.7 屋顶

（1）平屋顶

屋顶的做法与楼面的做法基本相同,为防雨雪,增加了防水层。传统做法采用夯土下铺设芽芽菜作为隔水层。夯土屋面经过长时间雨水的冲刷,经常需要修补,增加了居民的劳动量。现在许多主房改用塑料布做隔水层。

屋檐出挑较短,仅能保护墙头不受雨水侵蚀。檐部局部抬高,避免雨水留下。雨水被汇集至枧槽排出。方椽挑出墙身,其上布置横枋,再上放置楔形飞椽抬高檐口。其上摆放挡泥板、垫细树枝,铺泥,有的再在上面盖片石。石上堆土,形成高出屋顶其他部分的檐口(图9-28、图9-29)。

图 9-26-1 大门做法
绘制 任胜飞

图 9-26-2 大门模型
绘制 任胜飞

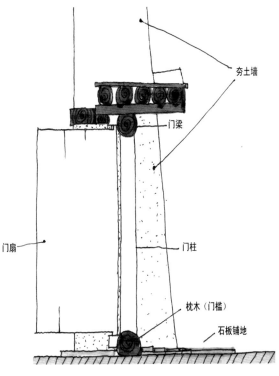

夯土墙

门梁

门柱

门扇

枕木（门槛）

石板铺地

夯土
牙牙菜
横挡

竖挡
木板、树皮
椽子

大梁

次梁

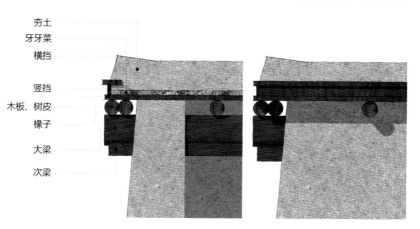

图 9-27 窗
图 9-28 檐口 1
　绘制 任胜飞
图 9-29 檐口 2
　绘制 任胜飞

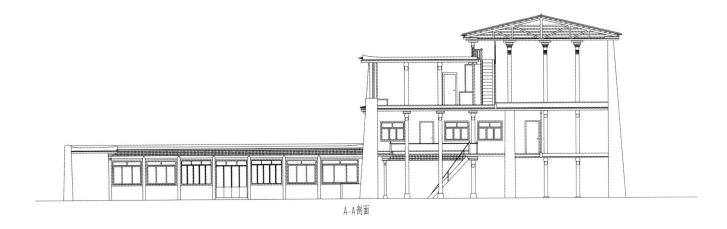

A-A剖面

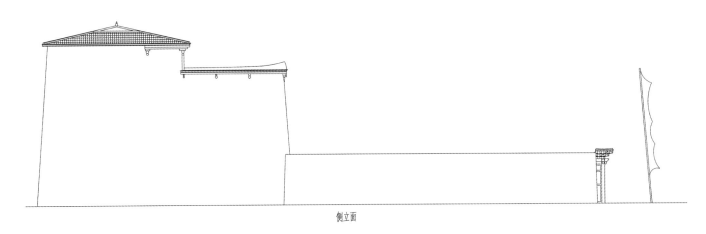

侧立面

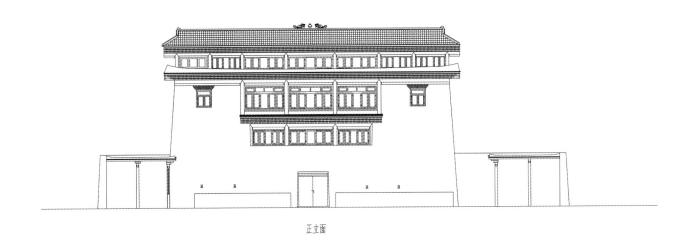

正立面

图 9-30 坡屋顶藏居（甲尔多乡 甲尔多村唐卡尚）
绘制 任胜飞 王莹

（2）坡屋顶

　　屋顶起坡采用木桁架结构，两侧可以采光。由于木桁架跨度较大，而当地缺乏如此长度的木料，因此木桁架底拉杆由数片木头钉接而成，技术水平较低，安全系数不高。屋顶所用红瓦（藏语：瓦为足罗）大多来自宁夏，可以防御冰雹袭击。当地产黑瓦无法抵御冰雹，红瓦则较为结实，私人住宅屋顶不允许起翘，寺院屋顶必须起翘并予以装饰。由此可见，新建民居的很多元素来源于寺庙建筑及汉族建筑。（图9-30、图9-31）

图9-31 坡屋顶结构

9.3.8 排水

长期的生活实践中，当地居民的排水措施简单而有效，但技术显得粗糙。

枧槽用整木挖成，由长短两根木头组成，短的 1.5 尺[1]，长的 7.5 尺，短的在内部，顶住长的，并把水导至长水槽，长水槽固定在墙上，先找平再挖出坡度（图 9-32、图 9-33）。

9.3.9 厕所

厕所一般在三层，常见两种形式，一种是在建筑内部，一种是在建筑外部做挑厕。挑厕主要靠建筑外部两根长柱支撑，其他构造与建筑内部做法基本相同（图 9-34）。

图 9-32 屋顶排水示意
绘制 任胜飞

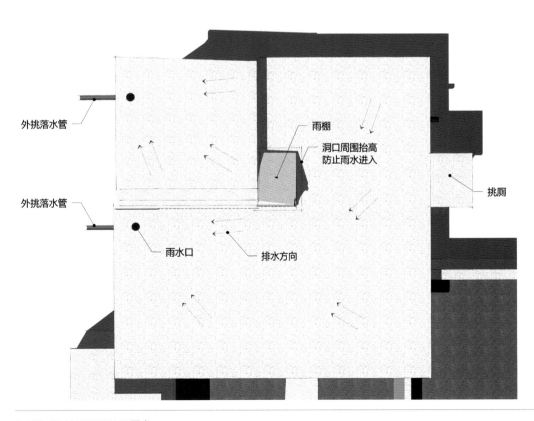

1 1尺=33.333333333333厘米

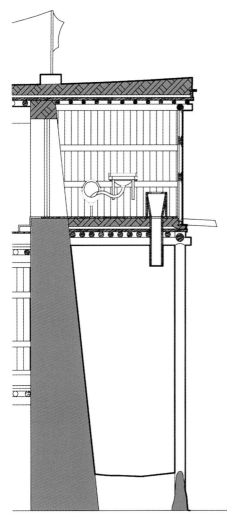

9-33

9-34

图 9-33 屋顶排水
图 9-34 厕所剖面
　绘制 任胜飞

10 阿坝住居色彩
Aba residence color

辽阔的川西高原上，阿坝住居以质朴坚实的形象诉说着其悠久的历史，同时，住居的色彩也在表现阿坝文化特质中扮演了重要的角色，形成自己独特的语言符号，为住居增添了更多的意蕴。

白色或者红白相间的线条粗犷的描绘在夯土外墙上，红色的橼子整齐地排放在门楣、窗檐，住居外绿色、蓝色的经幡随风飘扬，这一切都是自然的颜色在住居中生根发芽。历史上阿坝的先民对色彩的认识有限，对于色彩的认知更多的是建立在对自然认知的基础上，所以，阿坝先民以自然为摹本，从自然界中提取颜料，在长期的色彩感触中建立起对这些色彩的理解和认识，并在色彩的使用和表达上逐渐融入到其潜在审美意识之中，建造了自己的安居之所（图 10-1）。

10.1 住居色彩扫描

10.1.1 住居外部色彩

阿坝住居外部色彩主要来自于自然中的黄色、白色和红色（图 10-2）。

黄色：阿坝高原泥土的颜色，住居的建筑材料取自于自然，顺应于自然。一座座住居由泥土中生长出来一样，映衬在绿油油的青稞地中，形成了阿坝高原住居色彩的主色调。黄色是大地的颜色，同样其在藏族宗教中也代表了无上的荣耀，藏民认为，黄色是光明和希望的象征，含有丰收和富贵的意思。所以，除了住居本身是泥土的黄色外，很多住居的外墙上也会刷上黄色的装饰。

白色：白色在自然中的原始摹本对藏民来说是那朵朵的白云和皑皑的雪山，在藏民心中，白色代表着遥不可及的圣洁，所以，藏民居住外部的夯土墙会用白色粉刷装饰，寓意吉祥安康。

红色：藏民对红色的倾爱，根据历史资料来看，可能与最早的祭祀活动有关系，红色象征着血与生命，于是红色开始出现在藏民的外部装饰中。红色的椽子、红色的窗棂、红色的外部粉刷，使得住居高原阳光的照射下显得更加夺目。

除了这几种核心的色彩，蓝色、绿色这些自然的原始色彩也会出现在住居外部的装饰上，比如随风摇曳的经幡、屋角的嘛呢旗等。

10.1.2 住居内部色彩

阿坝住居内部色彩比较丰富，室内的色彩表达主要集中于转经筒、佛龛、木雕、唐卡、壁画、经幡和装饰的壁柜（图 10-3)。原始的住居内部色彩与外部色彩相同，

图 10-1 墙体色彩（各莫乡俄休村麦穷队）

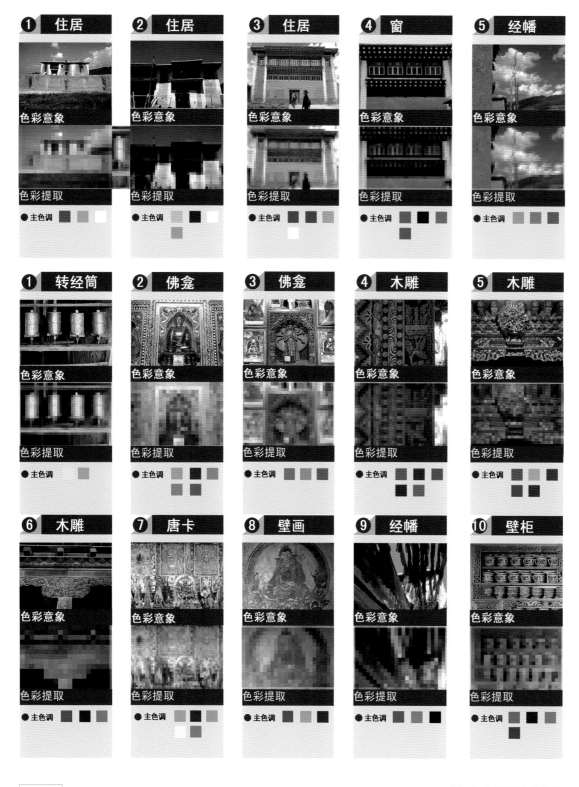

图 10-2 阿坝室外色彩
绘制 冀媛媛
图 10-3 阿坝室内色彩
绘制 冀媛媛

最早的色彩认知也是来源于红、黄、蓝、绿，这些自然中可以触及的颜色，但是后来在藏民对于色彩的不断深入理解和应用中，在原有色彩的基础上，室内色彩又融入了不同色相和明度的相关色彩，这些色彩与原有的核心色彩描绘在一起，使得阿坝室内的装饰色彩更加醒目，更加奔放，表现出了藏民热情、执著和坦诚的襟怀。

另外，随着时代的发展，材料的应用更加广泛，阿坝住居的内外部色彩也增加了现代的气息，例如蓝色的玻璃窗、金属的表皮的转经筒，淡蓝色雕花的碗具，覆瓦的屋顶，这些新型的材料蕴含的色彩无疑为阿坝增加了浓厚的一笔，使得高原上阿坝住居的色彩更加多姿。

10.2 住居色彩特点

（1）高原自然色彩映衬下饱和的建筑色彩

阿坝高原上闪耀着浓烈的自然的气息，所以阿坝的色彩与城市的色彩截然不同，当城市的各种色彩整体越来越趋于低调融合时，阿坝的色彩却以高调的饱和色彰显着自己的地域特点，鲜明浓厚的红色、蓝色、绿色与自然的土地相得益彰，在阳光的照射下熠熠生辉。

（2）厚重的体型和局部高调的色彩

阿坝的住居主房呈梯台状，除了朝向内院的墙面，外墙不设窗洞，形成厚重封闭的体块。住居外部由夯土建造而成，局部色彩鲜明的门楣、窗、和椽子突出于实墙表面，与夯土墙形成生动的对比。同时，高调的色彩也让住居的面孔更加的突出，正是这些鲜艳的外部色彩，也使我们更好的识别住居内部的空间模式。

（3）室内幽暗光线下的艳色之美

阿坝整体建筑呈封闭状，阳光透过厚重的墙壁，斜斜投入黑暗室内，这些光影散射在简朴住居中的华丽的装饰上，留下一道道让人迷幻的光影，也为其增添了几分神秘的色彩。在室内的装饰上，藏民更加追求色彩的强烈对比，在核心色彩的基础上，他们将色彩的对比度，明度放置到最大，使得全部住居室内，在充满装饰的地方，都有一种让人的目光无法移动的艳色之美。这种美只有当你看到那些绚丽的色彩在你面前跳跃时，才可以理解藏民对美的追求与塑造。

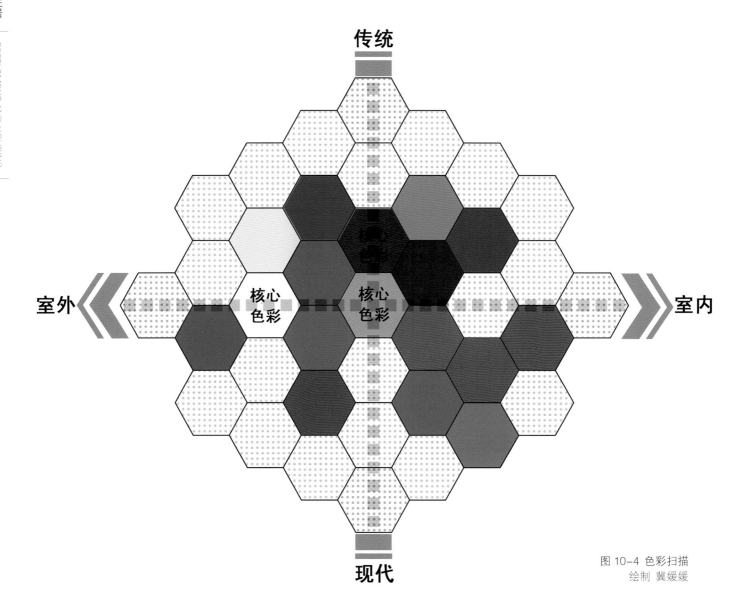

传统

室外　　　　室内

现代

核心
色彩

核心
色彩

图 10-4　色彩扫描
绘制　冀媛媛

11 结语
Epilogues

　　阿坝是一片自由的天空，是很多人梦中的天堂，因为这里居住的藏民拥有自己安宁的乐园，宗教和世俗生活在这片土地上并行生长，物质的富足没有带走藏民信仰的坚贞。阿坝县，蓝天下为数不多的一块净土。

　　带着对阿坝的无限憧憬，携着千里的风尘，我们走进了阿坝，在这里停留了 30 多个日日夜夜。在走访调研阿坝藏族民居的过程中，我们不仅寻找到宽阔的草原、湛蓝的天空、美丽的大自然、浓郁而淳朴善良的民俗，还有幸与当地藏民零距离的接触，去感知他们的生活、解读他们的信仰。各莫乡、甲尔多乡、安斗乡、哇尔玛乡等村寨中的藏居是一座座时间的坐标，徘徊在我们的身边，向我们诉说着往日的战乱与硝烟，展示着岁月的流逝与历史的变迁；藏传佛教袅袅的桑烟中，唵嘛呢叭咪吽的六字真言被善男善女缓缓低唱，让人的内心久久难以平静；神山上的"拉布择"在风中飘扬，昭示着它——村寨守护神的神圣地位，指示着远行的藏民归家的道路……异域文化的强烈冲击确实带给我们很深的感触，我们不知用什么样的措辞才能表达出我们对于这片土地的依恋与敬仰，唯有用虔诚的文字和图像记录下我们眼中的阿坝。当我们的相机最后定格于川西高原的阿坝——充满神奇而安详的地方，以梦幻般的美景在我们心中酝酿升腾成一种深深的思念，留给我们终生回望的记忆和想象。

　　这本书仅仅是对藏族民居研究的一种补充或探索，还不足以全面如实地展现阿坝藏居中的全部精华和奥妙。但可以为后来者提供开启藏居研究的钥匙或铺路石子。我们期待有更好更多的论著面世，为博大精深的藏文化和中华文化增光添彩！

书中未注明的照片为郦大方摄影

甲尔多乡 昂休尚

0   5   15   35（m）

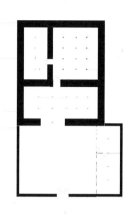

底层建筑平面

二层建筑平面

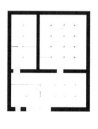

三层建筑平面

顶层平面图

正立面图

侧立面图

A-A剖面图

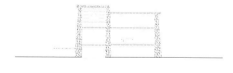

B-B剖面图

龙藏乡 唐卡尚

0   5   15   35（m）

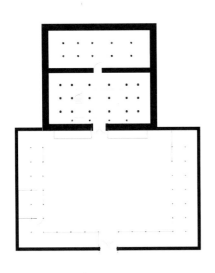

底层建筑平面

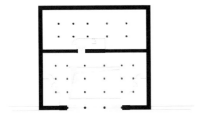

二层建筑平面

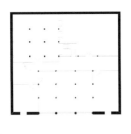

三层建筑平面

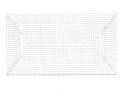

顶层平面图

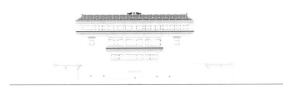

正立面图

侧立面图

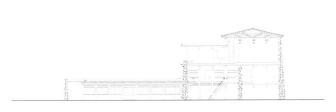

A-A剖面图

各莫乡 色苯尚

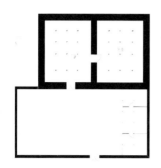

底层建筑平面

顶层平面图

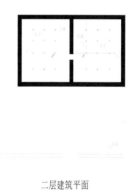

二层建筑平面

正立面图

侧立面图

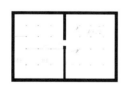

三层建筑平面

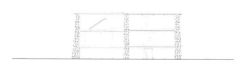

B-B剖面图

甲尔多乡 外日尚

0 5 15 35（m）

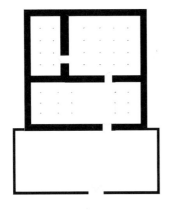

底层建筑平面

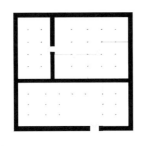

二层建筑平面

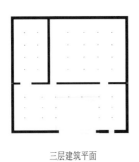

三层建筑平面

顶层平面图

正立面图

侧立面图

A-A剖面图

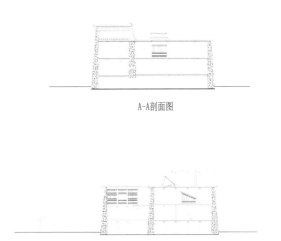

B-B剖面图

龙藏乡 阿尚

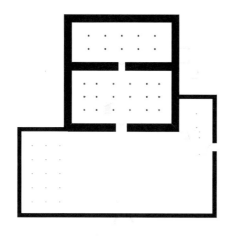

底层建筑平面

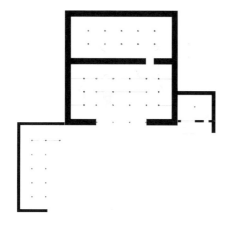

二层建筑平面

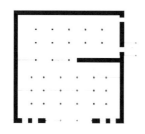

三层建筑平面

0   5   15   35（m）

总平面图

正立面图

侧立面图

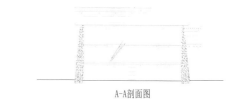

A-A剖面图

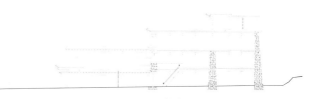

B-B剖面图

德格乡 扎玛尚

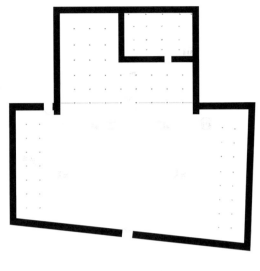

底层建筑平面

二层建筑平面

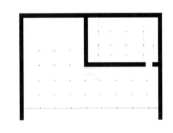

三层建筑平面

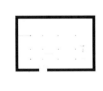

顶层平面图

正立面图

侧立面图

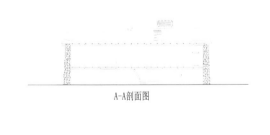

A-A剖面图

B-B剖面图

0　5　　15　　　　　35 (m)

0   5   15   35（m）

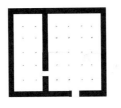

底层建筑平面

顶层平面图

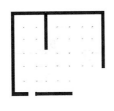

二层建筑平面

正立面图

侧立面图

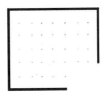

三层建筑平面

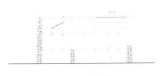

A-A剖面图

龙藏乡 热窝尚

0   5   15   35（m）

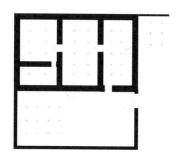

底层建筑平面

顶层平面图

正立面图

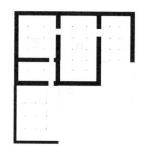

二层建筑平面

侧立面图

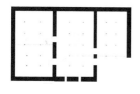

三层建筑平面

A—A剖面图

安斗乡 又尚

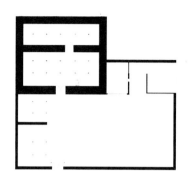

底层建筑平面

顶层平面图

正立面图

二层建筑平面

侧立面图

A-A剖面图

三层建筑平面

B-B剖面图

哇尔玛乡 哈尼尚

0　5　　15　　　　　　35（m）

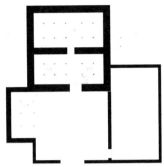

底层建筑平面

二层建筑平面

三层建筑平面

总平面图

正立面图

侧立面图

A-A剖面图

B-B剖面图

哇尔玛乡 派尔邦尚

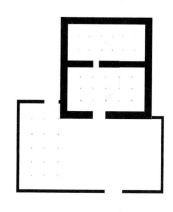

底层建筑平面

二层建筑平面

三层建筑平面

顶层平面图

正立面图

侧立面图

A-A剖面图

B-B剖面图

0　　5　　　15　　　　　35（m）

洛尔达乡 康沙尚

0 5   15   35 (m)

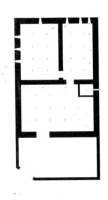

底层建筑平面

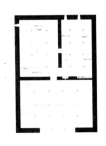

二层建筑平面

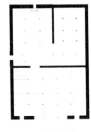

三层建筑平面

屋顶层平面图

顶层平面图

正立面图

侧立面图

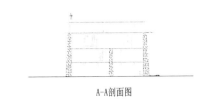

A-A剖面图

B-B剖面图